绿色生态物种系列

WISDOM OF SEEDS

种子的智慧

赵 彦 著
杨剑坤 摄

上海锦绣文章出版社

对大自然最为恭敬的态度不是书写，而是学习、沉默和惊异。

但今天，学习、沉默和惊异显然已经不够用了。当今，物种灭绝的速度已经超过化石记录的灭绝速度的1000倍，如果我们看到除了人类有很多动物都挣扎在死亡线上，许多植物都因为栖息地的丧失和人类的过度利用面临着灭绝的危险，我们的后代只能通过书本和动植物园而不是通过大自然来辨认它们，那么，沉默和惊异便是不道德的行为。

不久前，牛津大学研究员查尔斯·福斯特为了探索人类能否穿越物种之间的界限，将自己变身为鹿、狐狸、獾、水獭等动物，体验了一把"非人类"的生活。也就是说，在一段时间里，他像动物一样生活在它们各自的区域里。例如，像鹿一样生活在丛林中，尝试取食灌木和地衣；像狐狸一样深入伦敦最为黑暗和肮脏的角落，每天捕食老鼠并躲避被猎狗追捕……这段不寻常的生活让他得出一个结论：人类的各种感官功能并没有因为现代生活而受损和退化，我们仍旧能够在自然状态下生存，我们仍然是动物。

作为动物中的一种，用所谓的文明将自己异化的一种高等动物，我们却没有善待我们的动物同伴；或者说，多少年来，我们以发展高度文明和提高自身的生活质量为借口，驱逐、虐待、猎杀了地球上的大部分动物。因为环境破坏等原因，50年来，在IUCN（世界自然保护联盟）红色名录评估的73686个物种中，有22103个物种受到了灭绝威胁（2014年数据），而已经灭绝和消失的物种数量与速度都既大且快。以中国为例，近100年灭绝了的动物，有记录的就有新疆虎、中国犀牛、亚洲猎豹、高鼻羚羊、台湾云豹、滇池蝾螈、中国豚鹿。目前濒临灭绝的动物名单也非常长：麋鹿、华南虎、雪豹、扬子鳄、白暨豚、大熊猫、黑犀牛、指猴、绒毛蛛猴、滇金丝猴、野金丝猴、白眉长臂猿、藏羚羊、东北虎、朱鹮、亚洲象……好在后一份名单中，多数动物已由国家和一些国际NGO（非政府组织）建立了专门的保护区。与其他发达国家一样，我们已经意识到如果不对它们加以善待和保护，它们即将离我们远去，并且一去不回头——人类不可能像科幻片中所描述的那样，孤孤单单地靠人造物和意志生活，没有其他动物和植物相伴，人类也命数将尽。大自然在创世的时候，是本着一种节约、节省而不是浪费和挥霍在创造生命，因为地球只有这么大，地球上的每一种材料、每一个化学元素、每一个物种都必须能够彼此利用、彼此制约、彼此相生、彼此相伴。至于具体到每个物种本身，也都有其独特的生物配方，每一个生命消失了都不可逆转、不可重生，至少在我们的基因工程还没有完善到可以将一个灭绝的物种复制出来之前。

这些年来，在物种保护方面，我们自然也经历了很多的悲喜剧。悲剧比比皆是——有些物种因为发现晚了，等我们援军到达时，它们已经撒手人寰，例如白鳍豚、华南虎、斑鳖等。作为本系列丛书中的中华鲟的亲戚白鳍豚，就由于长江过于繁密的航运、渔业的延伸和江水水体的污染，2006 年被迫宣告功能性灭绝。对于中国两大水系之一的长江来说，白鳍豚的消失是一个非常危急和可怕的警报，因为紧随而来要消失的就可能是江豚、中华鲟、白鲟、扬子鳄等，这些古老的居民很多几乎与恐龙一样年长，它们历经了这个星球这么多的变故都挺下来了，唯独可能逃不过人类的"毒手"……而一旦江河里没有了活物，江河便也不成其为江河了。喜剧不多，但也有几个。例如，由于得力的保护，藏羚羊等几近灭绝的濒危动物如今已生机再现，它们的种群数量目前已经恢复到一个健康的指数上。为了让它们能够安全繁殖，青海可可西里国家级自然保护区管理局这些年每年四五月都在它们的产房派人日夜看守，还组织了大批志愿者来可可西里做一些外围的环境看护工作。《可可西里，因为藏羚羊在那里》的作者杨刚，就是几度进出可可西里的志愿者之一。朱鹮也一样，一度在日本灭绝的"神鸟"，1981 年有幸在我国陕西洋县找到了最后 7 只"种鸟"，经过环保人士和当地民众的悉心抢救和看护，如今这几只"种鸟"的后代已经遍布中日两国。当然也有悲喜剧，例如亚洲象的命运就很难让人去定义它的处境。在过去，亚洲象通常被东南亚诸国和我国云南一带驯化为坐骑和家丁；当伐木场兴起时，大象变成为搬运工，每天穿梭在丛林里拉木头；后来，由于森林的过度砍伐，伐木业萧条，这些大象又转行至大象学校成为"风光"的演员……繁重的体力劳动暂时告一段落，看似它的命运在好转，但它的"职业"变迁背后隐含的却是一个危险而不堪的现状：大树被毁，生态告急，丛林不再。十数年来，云南摄影师王艺忠一直用镜头关注着这些人类伙伴的悲喜剧，或者说，悲剧。王艺忠的视频作品《象奴》曾在多个电视台和网站热播，本系列丛书中记录大象命运的《拉木头的大象》就是《象奴》一部分章节的情节。

作为一名自然保护者，与我的那些国际同行一样，我惯于将自然看作一个我们无法摆脱的法则的提醒者，这个法则就是吞噬、毁灭和受苦。在过去，吞噬、毁灭和受苦发生在动物之间，如今更多的是发生在我们与动物之间，但我们施加在动物身上的，自然肯定会毫无保留地回馈给我们。

因为人类没法孤零零地生活在地球上，我们不仅要善待自己，更要善待其他生物，为你、为我、为他，更是为了一个生机勃勃的人与自然和谐的地球。

朱春全

世界自然保护联盟（IUCN）驻华代表

目录

我们一点也不知道的是，这个似乎是征服的过程，实际上是我们被植物巧妙利用的过程。我们用日常生活参与进植物的各种诡计之中，我们食用它们，同时也在有条件地帮助它们保存和传播种子。

种子起源于 3.6 亿年前，是种子植物所有的最为复杂的器官之一

PART ONE WISDOM OF SEEDS
上篇 种子的智慧

一切都和种子有关。

我们几乎是在谷物大规模牺牲的早上开始我们的一天的：我们用脱粒谷子的种子熬成稀饭，用大豆研磨成豆浆，把大麦的种子做成各种形状的面包，用橄榄的种子制成透明的油汁，我们把辣椒切碎了撒进面条汤料中……在我们的厨房里，还有无数植物的种子在这个早晨开始之前就已经死在各种包装袋中，并被染上各种颜色，只为给我们的味蕾增加一些滋味。

我们一点也不知道的是，这个似乎是征服的过程，实际上是我们被植物巧妙利用的过程。我们用日常生活参与进植物的各种诡计之中，我们食用它们，同时也在有条件地帮助它们保存和传播种子。这个表面上利己主义的行为，背后是地球上广泛存在着的一种利他模式：与人类一样，其他动物和微生物们也在衣食起

早在公元前 8000 年美索亚美利加人（玛雅人）就开始吃辣椒了，而在公元前 7000 年时辣椒就在此生长了，所以辣椒可以说是人类种植的最古老的农作物之一

居中暗地里助植物一力。因为植物种子和动物一样，有时候显得无能、弱小、恐惧，但又慷慨、勇敢和有诗意，并且和人类一样热爱旅行和远方。

　　种子的出现最初是想要调和与死亡的关系。自从地球上有了物种之后，死亡就与之如影相随。在死亡与新生之间，种子是一个有效的过渡。对于地球上很多物种来说，死并非一个单纯的消亡过程，而只是一次大动干戈的修补活动。因为我们的基因里存在着很多令人遗憾的缺陷，我们的生活环境也有着无法预测的变化，对付这一切，我们唯有谦逊地改变自己，通过死亡让自己变得更优秀。植物种子正是担

松科植物的种子是松鼠等小动物的最爱

目前世界上有 26 万多种种子植物，中国有 3 万多种

当这样一次次修补大任的使者。在这方面，种子还是节约的典范，因为有死亡，它小小的身子里必须包含各种关于祖先的信息，以便在成长时模拟它的父辈，同时也为地球节省一些花样。种子的形状不像它的父母，为了安全，它必须浓缩、浓缩、再浓缩并伪装成一

种假死状态：安静、紧凑、木讷、笨拙——但只要有机会就准备移动和发芽。

延绵，基本的自我，真正的时间，生命冲动，这些都是种子所具有的特质，哲学家伯格森说，这也正是构成世界本质和基础的几个重要因素。生命太过复杂，宇宙没有耐心也没有能力一刻不停地给我们创造出新的物种来，但宇宙又需要保持基本的面貌，于是就发明了种子。就此而言，每一粒种子可以说都是宇宙中一个生气勃勃的仓库，每一粒种子也都是一份记忆，记录着它们的父辈所经历过的时间、光线、色彩，宇宙所拥有的秩序，自身的智力变化，以及在它小小的身体里能够讲述的其他东西。但种子也有自己的寿命，寿命短的种子只有几小时、几天，长的却有几个月、几年、几十年甚至几千年。20 世纪 50 年代，有人曾在中国辽宁省普兰店泡子屯村的泥炭层里发现了一些 1000 多年前的莲子，当科学家们用锉刀把古莲子外面的硬壳锉破后，浸泡在水里，这些莲荷的种子竟抽出嫩绿的幼芽来。

种子起源于 3.6 亿年前，作为一个保存信息的装置，它是植物们最为复杂的器官之一，也是裸子植物和被子植物特有的器官。从它的生理结构上讲，种子是一个经由胚珠通过传粉、受精形成的用以延续植物生命的载体，同时也是植物向外传播和扩散的载体。目前世界上有 26 万多种种子植物，中国有 3 万多种。可以说，正是种子的出现，使得种子植物成功地取代了蕨类植物，让一部

宇宙不可能时时刻刻给我们创造出新物种，但它又需要保持基本面貌，于是就发明了种子

分植物长得更高大，一部分植物能够开出更美的花朵，也让一部分植物能够成功地在地球上作各种远途旅行，地球的面貌也由此变得更加缤纷。从另一个角度来讲，3.6亿年来，正是种子们依靠着一种有技巧的接力赛，将植物的智慧和勇气一代代地传递下去，依靠风，依靠雨，依靠水，依靠动物邻居，依靠自身的机关设置，在瞬息万变的气候中，把美丽、生机、丰饶和未来带给了地球。

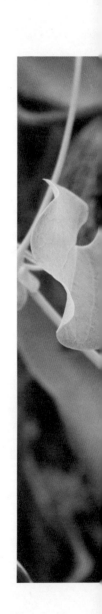

加拿大作家曼古埃尔说，我们的存在像一条双向流动的河，从数不清的人名、地点、生物、星球、书籍、仪式、记忆、理解和石头（我们总称为世界）等等流向每天早上在镜子里盯着我们的面孔；再从那张面孔，那个围着某个隐蔽中心的身体，从我们称为"我"的地方流向每一个"它"，流向外界，流向远方。对于种子来说，它们的存在也是一条双向的河流：从数不清的年、月、日、分钟、秒，流向它的内部，围绕着自己内部那个隐匿而黑暗的中心，再流向大陆、岛屿、山川、河谷，流向远方。

种子是一个关于未来和过去的故事，也是一个关于内部和远方的故事。

每一粒种子可以说都是宇宙中一个生气勃勃的仓库，每一粒种子也都是一份记忆

在生存问题上，种子们各显神通，各有花招

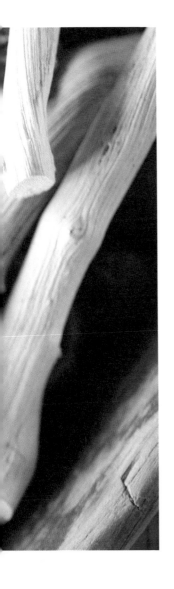

在生存问题上，动物和植物都倾已所有，向大自然奉献了它们所具有的智慧、真诚、勇敢和狡诈。或者说，面对大自然，我们的行为其实并无善恶和褒贬，所谓"恶"，不过是由缺陷造成的。正是因为有缺陷，才使得某一事物和某一物种诱惑另一事物和另一物种，使得另一事物和另一物种压迫某一事物和某一物种。对于植物的种子们来说，体型过小或体型过大（例如天麻和巨籽棕），长得其貌不扬，没有良好的旅行装备，童年过于压抑（例如生活在丛林中），父母长得太高或者太矮（俗称不能"拼爸"也不能"拼妈"）……这些都是阻碍似锦前程的"缺陷"，而相应地，克服这些先天的贫乏，抛弃父辈的疲倦，懂得梦想，懂得借力，懂得利用，懂得"欺骗"，把地球上一切存在都视作可借用的条件，便是它们的智慧。

可以说，正是贫乏和缺陷，将种子机智的界线衬托得更加分明！■

扰邻的"射手座"

生存技能：自制发射武器

生存等级：五星

并不是所有关于种子自力更生的故事听上去都很辛苦。对于有些植物来说，自力更生不乏自娱自乐的成分，比如喷瓜 (*Ecballium elaterium*)。

对于选择喷瓜做邻居的其他植物来说，与它为邻就意味着必须克服对于这位老兄危险又无厘头的恶作剧的惊奇。喷瓜生活在地中海沿岸和西亚一带，是一种葫芦科植物。它外表朴素，行事低调，无意出风头，就是开花也是只开一种接近于叶片颜色的黄绿色。但别高兴得太早了，一旦这位老兄有了"情况"，它周边就不得安宁了。喷瓜成熟时，果柄和果实结合处会脱落，此时具有压力的浆液就像揭开盖子的可乐一样，从果柄着生处的小孔喷涌而出，裹挟在其中的种子就此被一并喷了出来，距离可达数米之远。幸运的是，这位射手枪头并不准，也并非想瞄准什么，只是心怀一个朴素的愿望，那就是让它的种子能够够得着土壤。在播种这件事上，喷瓜的手段虽然有点大大咧咧，且有扰邻之嫌，但它却是一位善于选择细节的动力学家。为了把它的种子送出家门，它那套物理装置的每一个环节都被精心设计过，比如种子的质量、体积、压力以及最佳射程。不过选择自带一套喷射装置的植物并不止喷瓜一家，凤仙花、酢浆果、羊蹄甲、洋紫荆也会在宝宝出生时就为它们备好这样一个育婴装备。洋紫荆果实成熟时，一有风吹草动，果皮就会裂开，借着果皮反卷的弹力，远远地将种子弹射出去。有些蒴果及角果果实成熟开裂之时也会发射它的种子，而且速度非常快，让人措不及防，例如乌心石。这些植物都指望在繁育后代这件事上能够自力更生，最好不要求助于他人。

　　不过，出其不意地把种子喷射出去，总是一种带有一厢情愿的暴力之举，因为并不是所有的邻居都能领会和理解它们的远大意图——何况有些邻居们并不真的认为数米之外就是远游，设计这么复杂的一个装置，只为去三四米之外的距离！与它们相比，依靠地球引力来传播种子要显得礼貌、优雅和矜持得多了，也比较受它的邻居们欢迎，只要不生活在它的树荫下，比如毛柿及大叶山榄——它们只在自己的地盘上瞎胡闹。椰子树也是一个极其自律的角色，不过它只是别无选择，因为果实又大又重，树又长得高，无法像喷瓜那样把种子弹射出去，要把这样的大家伙发射出去，得在它的枝头架设一座大炮。面对这个问题，它的亲戚巨籽棕可能更加头疼。巨籽棕的种子是目前世界上体型最大的种子，有记录的巨籽棕种子最重可达 17.6 公斤，难以想象要怎样的发射后台才能将它们送出去！像动物一样，植物们在设计

有些种子一有风吹草动，果皮就会裂开，借着果皮反卷 的弹力，远远地将种子弹射出去

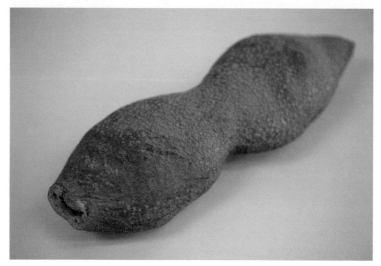

有些种子体型庞大，但它也有远行的梦想

自身时并不想浪费一些无谓的材料（有些吝啬的动物为了节省甚至都采用了雌雄同体的方式）。如果没有像喷瓜这样一种小巧又精确的装置，有个最为保险的办法就是凭靠地球重力——总有一天，地球的重力会捎走它们的孩子，让它们落入土壤的怀抱，之后在风雨数度的洗礼中，让它们完成传播基因的使命。

于是，让种子自由落地是很多植物会选择的策略，当然有些是出于自愿，有些只是出于无奈，但选择自由落地意味着种子们可能会失去一个锦绣前程。几乎所有的植物都知道，让种子留在自己身边，意

对于椰子这样的大家伙来说，没有什么有用的装置来发射种子，只能依靠重力和水运了

味着让它参与与自己的生存竞争，空气、土壤、阳光及动物的粪肥，这些都是有限的资源，它们不愿意让更多同类来分享，竞争不言而喻地会伤害母子感情。在这种时候，我要说的是，我们一定要把陈词滥调颠倒过来，看到爱所造成的损害——如果我们把种子留在自己身边称作爱或者美德的话。很多植物就这样作出了让自己的孩子去远方的选择。要让每一粒种子除了有一个故乡，还应该要有一个异乡！无须替它们担心，植物们早就给它们的种子准备了这样一个旅行包，比如椰子树。椰子树希望它的后代能够觅到他乡，去远方

几乎所有的植物都知道，让种子留在自己身边的行为不是爱，而是让它参与与自己的生存竞争，或者说，是一种残酷的爱

打拼。它长在海边，为的就是可以让种子们日后有一个去航行的港口，同时，几乎所有的椰子外壳都又硬又牢固，就像一只小舟，适合远洋。从树上落下来后，椰子们无须担心短时间会弹尽粮绝，因为壳里面食物丰富，可供它漂流个十天半月的，它们的外壳也能保护它们不被海水侵蚀。当某个浪头把它们冲上某个海岛后，它们马上就可以在岸边的沙地上找到新的归宿，不久后会长出一片新的椰子林来。

睡莲也是一个很为后代操心的家伙。它们终生生活在水中，但并不希望"儿女绕膝"，也就是说，睡莲也希望自己的后代可以离开自己去开辟新的疆域。它们给它们的种子准备的旅行礼物是一些海绵状的外壳。当它们的果实成熟后，这件海绵外衣能够让种子们浮在水面上，这样，旅行起来就会很方便，也无须用力。随着水波，睡莲的种子就能愈行愈远，直至找到自己称心的栖居地。■

乘风去旅行

生存技能：利用风能

生存等级：三星

我们极力想抑制的每一个冲动都会使我们郁郁沉思，令我们不快乐。旅行对于植物来说就是这样的冲动。如果种子不旅行，植物就没有希望。

最简便的旅行方式就是乘风而去。

但搭乘风作为驾座对种子们的体型和体重有着严格的要求，如果没有天生的轻灵造型，就如椰子树或者睡莲，那是无法在空中飘浮的。热衷于以风作为交通工具的种子都是有备而来的，不是自带飞行器，就是体型微小如同尘埃，比如天麻。天麻的种子非常小，就像灰尘一样，只有在显微镜下才能看清楚。天麻的种子皮薄而透明，其囊状的结构可以将黄色的椭形小胚包裹其中。为了便于在风中飞行，天麻通过在种皮表面形成众多的蜂巢状纹饰来增大与空气的接触面，这样的细节设计极易随风和气流进行长距离飞行。不过说到小，天麻并不是世界上最小的种子。烟草的种子也很小，5万粒烟草的种子只有7克重（5

这对翅膀决定了种子们日后会有一种飞行生活

万粒芝麻种子有200克重）。5万粒四季海棠的种子只有0.25
克（是芝麻的千分之一）。斑叶兰的种子最小，5万粒才有0.025
克，1亿粒斑叶兰种子才50克重。斑叶兰的种子除了随风飘荡，
已经别无选择了。这么小，这么轻，它几乎没有行李，可以随

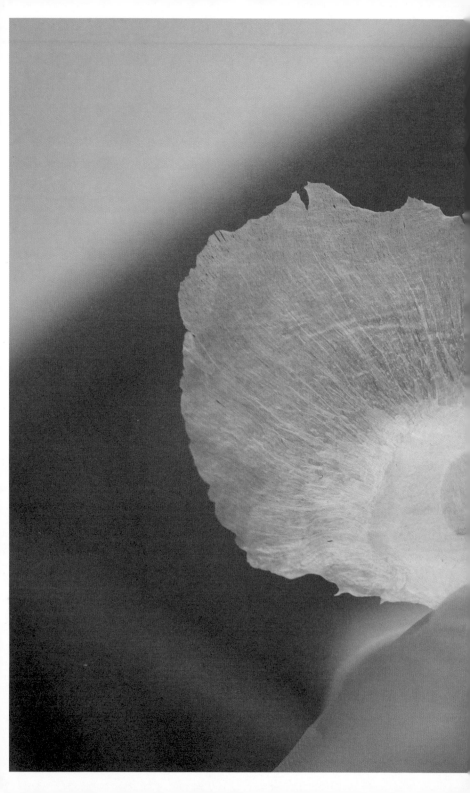

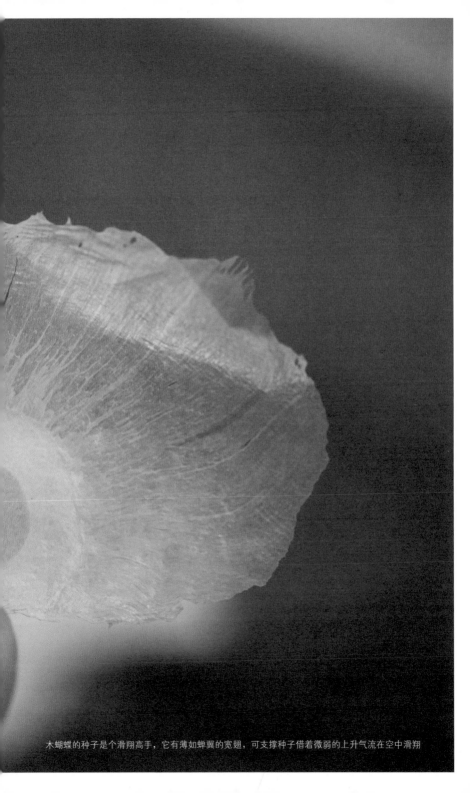

木蝴蝶的种子是个滑翔高手，它有薄如蝉翼的宽翅，可支撑种子借着微弱的上升气流在空中滑翔

随便便去往世界上任何一个地方。它的结构非常简单，只有一层薄薄的皮和一点点借自己发育所需的养料。为了旅行，它作出的牺牲也是很可观的，在飞行途中，因为脆弱和供给不足极容易夭折。

乘风旅行的植物除了特殊的结构，比如轻灵的身体之外，其实植物本身是否高大也很重要，因为种子离地的距离越高，落地的时间也就越长，所散布的距离也就越远。也就是说，当种子选择飞行来旅行时，从哪里起飞非常重要。这个问题对于杨柳科 (Salicaceae) 植物的种子不是什么大问题，因为它们树的高度足以让种子做一趟远途飞行，借助树高的优势，这些带绒毛的种子可以飞到数公里之外。当然，前提是杨树和柳树这些大家伙长在空阔之地，如果是在茂密的森林中，空气流动较差，种子们就不会这么好运了。就是风再大，种子们也没法飞得更远。但这个难题也被一些聪慧者克服了。有些植物为对付这种情况专门为种子准备了一件精良的飞行工具：一对翅膀或者一些毛毛。特别是一些菊科植物，它们喜欢用降落伞来飘飞，当花季过后，花瓣会收拢起来，然后结籽，之后张开它们新的"花形"，吐出带着降落伞的种子，比如蒲公英（Taraxacum mongolicum Hand.–Mazz. ）和昭和草 [Crassocephalum crepidioides(Benth.) S. Moore]。蒲公英的果子上长了很多冠毛，一旦果子成熟，这些冠毛就会撑开，就像一把降落伞。蒲公英的一生只有在种子们飞扬起来才算到达它生命的高潮。此时，它会往前飘啊飘，擦过紫羊茅

蒲公英自带降落伞，它的种子们一出生就期待飞行的那一刻

(Graminae) 的叶尖，越过一只蜜蜂毛茸茸的脊背，躲过一颗刚刚从山毛榉上 (Fagus sylvatica) 滑下来的露珠——它把眼前所见的一切都视作远方，尽管实际上它的种子只能落在几米远的地方。的确，对于一棵几乎一生都在一个地址上的植物来说，真正的重要性是在它自己的目光中，并非在所看到的事物上，只要有一对可以远视风景的眼睛，就是足不出户也能拥有整个宇宙。心灵上的远方比地理上

这些花朵都暗藏利器，有为传播种子装备的各种装备

的远方更为重要！

　　紫葳科木蝴蝶（*Oroxylumindicum*）的种子也具有薄如蝉翼的一对宽翅，可以支撑种子借着微弱的上升气流在空中滑翔，或在一阵大风中翻飞至远处。猫尾木 (*Dolichandrone cauda-felina*) 的种子也用滑翔板旅行，它的滑翔板造型就像一条猫尾巴：它们的种子长近半米，呈淡灰色，外面披挂了一层绒绒的毛。这条"猫尾巴"很管用，当它们悉知雨季要来临，就会在某天刮风的时候，让"猫尾巴"裂开，飘出带着翅膀的种子。给自己的种子一个有保障的人生，这是

所有植物都孜孜以求的，可是大自然有时候会与它们针锋相对，自带飞行器的前提是一定要选择在晴天、有风的日子里出发，一旦某段时间暴雨不断，就不要再做旅行的美梦了，当然有些专门靠雨来远游的种子除外。

我们倾向于认为热爱旅行的种子们所要逃离的不是一个环境，还有可能是其他让它们感到不适的东西：陈旧的生活，狭隘、目光短浅的心态，隐私的缺乏，差异的抹杀，等等。在所有赞美风的人类诗歌中，风和追逐风的人都会被赋予这样一种性情和品质：自由不羁，热爱不确定性，热爱无常，爱慕远方，同时还要有旺盛的精力和永远的好奇心。我们被抛入存在，就像一粒子弹从枪管中射出那样，弹道已经被绝对地限定了，但在飞行过程中，我们至少可以在这个绝对的弹道上跳个舞。作家木心说，这个世界上有两样东西非常重要，或者说两样东西绝对地控制着我们，一是规律，二是命运。不管是动物还是植物，都难逃它们的独裁。风可能是一种试图用命运来克服规律的事物。规律是乐观主义，命运是悲观主义，事物的细节是规律性的，而事物的整体却是命运性的——在细节上大自然从不徒劳，但从整体来说，大自然整个儿徒劳。

比如，一颗种子费尽心思离开它的父母去了一个理想的伊甸园，可它最终逃离不了死亡的结局，它被其他的种子代替，其他的种子又被更多的种子代替……

地球就是这样一个关于种子被代替又重生的循环往复的故事。■

搭乘动物公交车

生存技能：动物公交

生存等级：四星

几乎所有的植物都知道，与动物们搞好关系是有必要的。

将动物们视作一种权贵或者吃得开的邻居，关键时候攀龙附凤总会给它们的生活带来某种实惠，比如，动物们甚至可以成为它们的坐骑。

哲学家加塞特说，对于一个不朽的生命来说，汽车是没有任何意义可言的。但对于那些生命时间有限、终有一死的动植物来说，征服距离与停滞却是非常有必要的。

动物有时候就是植物们用于征服距离与停滞的汽车。

苍耳 (*Xanthium sibiricum*) 就经常搭乘这样的汽车。冬天很快就要来临，在第一场寒流到来之前，苍耳们已经在江岸做好了旅行的准备。几天前，一场细雨斜斜地划过臃肿江面的水流，江水下面，沙子将那些圆溜溜的石头牢牢地抓在自己身边，好让那些贝类和小虾有安居之地。这几天也是鲟鱼们产卵的季节，几乎每天，鲟鱼们都在等着水温下降，好使它们的宝宝有个舒适的产房。

动物与种子的关系首先是吃与被吃，"包养"与"被包养"。不过也有的种子仅仅要求搭动物的便车

冬季并非意味着枯竭，而是孕育。种子们这个时候干巴得像个小老头

每年都要光临的冬季并非意味着枯竭，而是孕育，但秋季一定是个忙碌的季节。岸上，小体型的动物们正在忙着收获和储藏食物，它们经常摩肩接踵地从苍耳身旁经过，从而留下一堆难闻的气味。苍耳们几乎每天都在打量它们的邻居，以便寻觅到合适的机会，将身体凑上去，然后把刺毛上带有倒钩的种子粘到它们身上。经常出现在这一带的是野兔一家，今年它们家产了五个小宝宝，因而父母们显得非常辛苦。有时候田鼠也会很快地从苍耳身下窜过，离苍耳最近的这只田鼠是个单身汉，它几乎每天都要来洞穴外面观望一番，却什么也不做。对苍耳种子来说，这些动物都是不错的交通工具，尽管它们对于目的地在哪儿这件事显得有点困惑。自从一年前跟着一个顽皮的小孩来到这里之后，苍耳们还不知道世界到底有多大，它们也不知道一年的时间有多长，因为它们从土壤里出来时外面已是春天，也就是说，眼下是它们的第一个秋季，它们对即将来临的冬季也一无所知，但看到很多植物开始抖落树叶，很多动物又变得异常勤劳，多少对此心怀一丝惊恐和困惑。身上的果实变得越来越坚硬，果实上的那些小倒刺也变得越来越锋利，是时候让它们离开自己了！苍耳们觉得自己变得越来越衰老，对于冷空气也越来越不能适应，风中到处都是腐叶和尘土的气息，现在，它们还有最后一点力气，它们将最后残余的力气用于观察每天都从自己身边经过的动物邻居。它们知道搭乘它们的方式：那就是动物们能带它们去哪儿就去哪儿。几天前，甚

至有几个男生采下它们的几粒果实偷偷扔到
了走在他们前面的几位女生的头发和裙子上。
苍耳不知道这些随人类远去的种子最后会有
怎样的栖居地。但它们知道，这是它们祖先
一直以来沿袭的方式。

　　车前草（*Plantago depressa Willd*）也
在等着这样的机会。车前草长得矮，几乎紧
贴地面，这使得车前草无法获得像苍耳种子
那样多的出行机会，不过它自有其他的交通
方式，例如麻雀、乌鸫、螳螂、纺织娘，这
些经常光顾这片草地的小动物很容易就捎走
它们的果实。车前草的种子不像苍耳大摇大
摆地就搭上动物们的顺风车，因为体型小，
车前草的种子几乎都是悄悄地粘在动物身体
上的，而且动物们多数情况下也不知情。实
际上那些想以动物作为交通工具的植物种子
都是私底下会使点手腕的，无能无德很容易
会错过机会，比如苍耳种子上的倒刺，蒺藜
（*Tribulus terrestris*）种子上的暗器。蒺藜
果实两侧有两对尖锐无比的刺，硬如铁钉，
能够刺入经过它的动物的蹄子和人类的鞋底。

有些植物种子求"被带走"时会耍些手腕，如长些小倒刺什么的，但大多数种子会出其不意就攀上了"动物公交车"

植物们实际上不过是一些将野心、暴力和侵略藏在矜持和内敛背后的家伙

窃衣 (*Torilis scabra*)、鬼针草 (*Bidens pilosa*) 也不例外。星叶草（*Circaeaster agrestis*）的种子外形就如人们喜食的海参，只不过它表面的突起不是什么美味的参肉，而是硬而脆的倒钩，借助这些倒钩，它能轻易勾在经过动物的皮毛或人的衣物上进行散布。比起依靠风、依靠重力来旅行的种子，苍耳、蒺藜和星叶草们的方式的确在某些时候显得粗暴，甚至可以说为了远行简直不择手段。在生物界，我们一直倾向于将植物们视作一些老成持重的角色，它们是一个懂得观望、适应和等待的族类，但植物们实际上不过是一些将野心、暴力和侵略藏在矜持和内敛背后的家伙。例如有些植物在开花的时候就开始变为杀手，像狸藻和黄花草，其他如食虫草、茅膏菜、猪笼草、锦地罗等则从一开始就是个杀人如麻的家伙。在生存这个问题上，没有什么美德和礼让可言，一切都是杀与被杀、利用与被利用。每一种本能都渴望返回它出发的地方，哪怕只是作为回声。而美德只能辨认出自己的同类，并不能辨认恶行。至于恶行，实际上只是本能的另一张面孔。

　　动物们也并不介意在运动的时候捎上这些小麻烦，尽管植物与动物的基本关系是吃与被吃。植物也好，动物也好，在食物链的任何一端都没有友谊与友爱：细菌以上帝仁爱的生机为食物，大一点的生命以符合自身属性的细菌生命为食物，再大一点的蚯蚓以泥土中的细菌和草籽为食物，獾和兔子以蚂蚁、蚯蚓与小草为食物，鹰以老鼠和小鸟为食物，再大一点的动物如羊与狼、狮

植物也好，动物也好，在食物链的任何一端都没有友谊与友爱

地球上能够长命百岁的却往往不是动物而是植物，这是因为植物根部的某些组织干细胞对于 DNA 损伤不太敏感的缘故

子根据种类的不同分别以植物和其他动物为食物，再之后是人类，为补充自己的气血精神以富含宇宙生机的植物和动物为食物；之后，反过来，细菌又以食物链最高端的人类为食物，植物以细菌为食物……植物在其间不过是一个被反复食用的角色，不被食用的时候，它忙于光合作用，为各种高低等动物提供呼吸所需要的氧气。不过地球上能够长命百岁的却往往不是动物而是植物，大部分植物的寿命比动物长，科学家们分析，这是因为植物根部的某些组织干细胞对于 DNA 损伤不太敏感的缘故，这些细胞能够为植物保存着原始的完整 DNA 拷贝，在必要时可用于替换受损细胞。尽管动物也依赖相似的机制，但植物有可能以一种更为优化的方式利用了这一机制。植物的种子也比动物更能抵御恶劣的环境，它们的自愈能力更强，而且一旦情况不妙，它们就采取休眠的方式渡过危机。休眠时，种子里面所富含的营养足以让它们熬上很长一段时间。动物却没有这项能力，动物的种子，如果可以把卵子与精子称作种子的话，它们比动物的其他组织更加脆弱，对温度、湿度和其他环境更加敏感。为了保护它们，动物们一度用最深的腹部存放它们，用一种行为复杂的性交运动来让它们相遇，然后花上数月的时间，让它们在看到世界其他部分之前先秘密成长起来，在让它们拥有一些基本能力之后才降落到这个世界上，让它们看到光线，看到风，看到雨，看到危险、惊奇和各种无穷。而这一切，植物的种子们都是自己直接面对的。

表面上的一些现象很容易迷惑人。我们经常将脆弱性视作低等物种的首要特性，我们经常把植物们的一些行为视作有限的、低等的智慧，如像搭动物便车这类轻易就被人识破的花招就会让我们捧腹大笑，但植物们其实才是情节缓慢、窥破红尘、笑到最后的角色。一年又一年，它们站在那里，看着有着上百万个不同名字的动物，在不同的时间里以不同的方式死去而它们活着，在我们将其静默视作笨拙，将其世故视作懒惰，将其智慧视作骗局时，这些在细胞的精确、敏感、密度上与我们相似或者更胜一筹的物种，比我们更清楚：一切存在都是无缘无故地出生，因软弱而延续，因偶然而死亡。我们出生，我们死去，而世界的本来面貌并没有改变。■

一年又一年，种子们站在那里，看着有着上百万个不同名字的动物，在不同的时间里以
不同的方式死去而它们活着

发射雨滴炮弹

生存技能：利用雨滴

生存等级：五星

福柯在《乌托邦身体》中写道：

每当普鲁斯特（《追忆似水年华》作者）醒来的时候，他就开始缓慢而焦虑地重新占据这个位置：一旦我的眼睛睁开，我就再也不能逃离这个位置。不是说我被它固定了下来，毕竟我不仅能够自己移动、自己改变位置，而且还能够移动它，改变它的位置。唯一一件事是：没有它，我就不能移动，我不能把它留在它所在的地方，好让我自己到别的地方去。我可以到世界的另一头。我可以秘密地藏身于黎明，让自己变得尽可能的小。我甚至可以让自己在沙滩上、在太阳下融化——但它总会在那里，在我所在之处。它不可挽回地在这里：它从不在别处。我的身体，它是一个乌托邦的反面：它从不在另一片天空下。它是绝对的位置，是我所在并真正肉身化了的空间的小小碎片。我的身体，无情的位置。

是身体将我们判了刑，让我们最终生活在这里或者那里。是身体决定了我们在这个世界上能够存活100年还是几天。也可以说，所有的魔法，所有的童谣，所有的诗歌都是从身体开始，反对身体乌托邦奏响的一个序曲。

对于菊花草来说也一样。

菊花草带着轻盈但无法改变的身体，几乎生存在从雨林到沙漠的任何地方。之所以有这样强大的生命力，是因为它拥有一个秘密武器——圆锥形的花朵，能够捕捉到微小的雨滴并且借助雨滴飞溅的效果来压缩并且弹射种子。菊花草每个花朵花壁的倾斜度可帮助雨滴的溅射速度达到最大化，圆锥形的弯曲度也能产生一种喷嘴的效果，使它的种子能够向一个方向集中喷射。

矮小，其貌不扬，没有漂亮的花朵，没有丰美的果实，这样的身体对于一株植物来说的确不那么走运。因为长得低矮，没法获取和利用更多的风能，使它们不能像其他植物例如斑叶兰那样，随随便便地就去它们可去的地方；没有漂亮的花朵用以吸引其他的昆虫接近，它们的种子也没法搭顺风车去往远处；没有可口的果实用来贿赂飞鸟，意味着生命中将不再有其他的意外发生。

但是，等等，还有雨。

在将后代送去远方的方式上，菊花草其实与喷瓜有些类似，只是菊花草的机能更为复杂，它将雨也纳入到为自己的孩子送别的队伍中来，并非是为了烘托一种离别的氛围，而是为了在各方面都处于劣势的情况下，可以得到在远处更优质的资源——对我们来说，也许伊甸园远在重洋之外，但对于一株菊花草来说，三

和菊花草能用微小的雨滴来压缩并且弹射种子的智慧一样，很多"弓型"生长的种子，一生都在荚内积累惊人的张力。当果荚成熟干裂会突然炸开，以不可思议的速度，弹射出种子。

米之外的世界便是乐土了。为了更好地研究菊花草等这些植物如
何利用雨来完成弹射种子这个窍门,科学家们拍摄了一段雨滴滴
落在不同形的真实花朵和塑料花朵复制品上的高速视频。拍摄之
前,他们使用一个注射器进行了一场人工降雨,制造出了一些和
自然雨滴一样大小的直径约为 4 毫米的"雨滴"。科学家们观察到,
当"雨滴"降落到这种植物的花朵上时,它会将"雨滴"以 5 倍
于它们滴落的速度弹射出去——这意味着这些自由降落的雨滴(速
度大约为 29 公里 / 小时)将被以 145 公里 / 小时的速度弹射出去。
也就是说,菊花草的种子离开母体去寻找新生活时,搭乘的是一
辆比高速公路上最高时速还要快 25 公里的交通工具。这样的速度
对于一棵一辈子几乎一动不动的植物来说简直是个神话!无独有
偶,另一种利用雨来传播种子的金腰属植物对于它的同类也是一
个奇迹,金腰属植物可以借助雨滴将种子传播到 1 米以外的地方,
这个距离相当于它高度的 10 倍。

　　在为后代这件事上,植物们几乎是利用了这个星球上所有能
够利用的对象:风力、水力、重力、昆虫的翅膀、动物的胃……
可以说无所不用其及。它们甚至把注意力放在了雨滴这样细小的
事物上。在不同的观察者眼中,雨是不同的事物,气象学家从雨
中看到的是气候,诗人和艺术家看到的是感伤,种子们看到的是
力量和可能性。尽管这种力量和可能性至远不过数米,菊花草在
雨天把孩子送出去至少也还有一个好处,它的种子在落地后可以

种子们身上的裂纹是它们将要萌发的征兆

有充分的水分供其生长。有一首歌这样唱到："种子牢记着雨滴
献身的叮嘱，增强了冒尖的勇气……"

玫瑰繁殖它的后代有很多种方式，用风来传播种子是最古老
的一种（如今用的是断臂残肢法，即嫁接法）。对于童话故事《小

所有的种子都想做一朵小王子星球上独一无二的玫瑰

对种子而言，远方既是逃离也是理想

王子》的主人公小王子所住的星球上的那棵玫瑰来说，如何来到
这个只有单瓣植物和只有一个人的星球是一个谜。也许是一阵风，
也许是一场雨，也许只是粘上了一只夜莺的羽毛。不管那个星球
离人类居住的地球有多远，这样的旅行首先要穿越的是作家广大
无边的想象空间而不是科学家窄小的实验室。总之，这颗不知出

处的孤独的种子有一天来到了这个只有着三个火山口的小星球。作为一朵玫瑰它又骄傲又敏感，为了开花，它花了好几天时间来慢慢梳妆，它精心挑选着自己花瓣的形状，搭配着它想要的颜色，然后在一天太阳升起来的时候把自己开放了。但由于在地下休眠了这么长时间，或者是旅行让它花去了这么多时间，它刚看到小王子的时候很累，它打着哈欠，饿着肚子，头发——据它自己看来也是乱蓬蓬的。尽管如此，小王子第一眼看到它就爱上了它。但这朵玫瑰比世界上其他任何玫瑰都娇气，它受不了小王子所住的星球上的穿堂风，它要求小王子给它一个屏风，因为它觉得这个地方太冷。有一天，小王子出门旅行去了，他在另外一个星球看到了 5000 朵和他的玫瑰一模一样的玫瑰，这时小王子才明白，原来他爱慕着的只是一朵普通的玫瑰，尽管如此，小王子还是觉得他的玫瑰是世界上最重要的玫瑰，因为他为他的玫瑰花了时间，他用自己的爱驯化了它。他对另外 5000 朵玫瑰说："你们很美，但你们是空虚的。没有人能为你们去死。当然啰，我的那朵玫瑰花，一个普通的过路人以为她和你们一样。可是，她单独一朵就比你们全体更重要，因为她是我灌溉的，因为她是我放在花罩中的，因为她是我用屏风保护起来的，因为她身上的毛虫（除了两三只为了变蝴蝶而外）是我除灭的，因为我倾听过她的怨艾和自诩，甚至有时候我聆听着她的沉默，因为她是我的玫瑰。"

我们倾向于把那些愿意自己掌控命运的玫瑰或者植物，都视作是重要的玫瑰和重要的植物，在它们的身后，也都会有一个小王子在倾心爱慕着它们。生命就是改变和迁徙，而改变和迁徙价值的大小并不取决于距离的长短，不取决于去三米之外还是另外一个星球，对于一株菊花草和一朵开放在小王子星球上的玫瑰来说，世界都一样大小。只要心怀梦想，世界都很大。或者说，世界的大小，其实是用梦想来衡量的。

　　我的身体，是无情的位置，也是最远的距离。■

只要心怀梦想，世界都很大

动物胃 = 公交车 + 健身房

生存技能：利用风能

生存等级：四星

我们习惯于用道德的幻影去润色科学那乏味的线条，当我们在为一些被称作爱的感情唱赞歌时，我们会自动抹去暴力那锋利的毛边；当我们为一些美而引颈歌咏时，我们无视那些美背后的诡计和欺诈。我们就是这样，习惯于用道德的花边去为那些写实的自然规则镶上一条宽阔的雾霭。

关乎心灵的东西往往是向善的，因为向善的事物可以让我们生活得更好而不是相反，所以我们把植物的生殖器称作鲜花并把它献给我们的英雄和爱人，我们把植物的种子称作果实并把它献给我们柔弱需要关爱的孩子。我们利用了植物们的狡猾，而植物则利用了我们的虚荣和贪婪，我们与它们都本着一种互惠的原则让大自然的运转显得高效并且丰富多彩——我们无视当一株植物把自己的花朵打扮得漂漂亮亮，将自己的果实装饰得五彩缤纷，其实不过是在向我们贿赂！

但这就是自然！

植物们将自己的果实装饰得五彩缤纷，不过是在向我们行贿，哪怕枝头很高

　　对于一棵生活在尼泊尔丛林中的滑桃树(Trewia nudiflora)来说，这样的互惠原则同样必须运用。丛林的阴暗和潮湿并不是所有的植物都能适应的，除非长成高头大马的乔木，否则这里就意味着一座令人窒息的牢狱。很多植物的种子发芽需要强烈的光照，以及干燥的土壤用以休眠。而丛林层层叠叠的植物和雨水让林下的土壤显得又湿润又黑暗，这对于一粒想要在这里安身立命的种子来说是非常要命的。但要离开丛林谈何容易。丛林这么大，在过去，在人类还躲在几个小村庄里苟活时，丛林在这片大陆几乎是在无尽地延绵的：高大的乔木们颐指气使地独占了最表层的光照，攀龙附凤的藤本植

纵是被人食用，总有种子逃过此劫，其方略是——多长后代，比如稻谷

物会利用乔木的身躯获得它们想要的生机同时将丛林的地面几乎全覆盖，不尽其数的悬崖和山谷是一个又一个几乎跨越不了的关隘，还有多变的天气……一切的一切都在设法阻断它们的逃离之路——唯一的办法就是打动物的主意，即搭乘那些经常来丛林索食和散步的动物快车离开丛林。但天下没有免费的午餐，比如想要搭乘印度犀牛这样的快客，必须购买昂贵的车票。为了能够让日后的滑桃树种子有一个美好的未来，滑桃树的牺牲也是有目共睹的：它倾其所有，用各种营养给种子的外壳裹上了一层鲜美的果肉，以引诱那些贪嘴的印度犀牛吃掉它们——虽然这同时也意味着它的种子们将度过一段在犀牛的肠胃中生活的艰难时日，但那些酷爱踱步的印度犀牛一定会将它们带出丛林，因为犀牛们喜欢觅食后来到开阔的河畔草原上休息，并在那里排便，这样，不曾被胃液腐蚀和消化的滑桃树种子就可以重见天日。在河边的草地上，在远离那片丛林的宽敞之地，滑桃树有的是时间和阳光来慢慢考虑和选择它们的未来。刺槐 (*Robinia pseudoacacia*) 也采用了同样的诡计。不过刺槐要逃离的不是阴森黑暗的丛林，而是被其他昆虫和其他小动物吞食的命运。节制、节食从来就不是动物的天性，刺槐甜美可口，喜欢它的小动物和昆虫们经常将它一扫而光。刺槐当然不是什么无私奉献的慈善家，它之所以奉献出果实是为了购买它的未来，如今，这些贪婪而不付出的动物们却让它断子绝孙。所以，对于刺槐来说，它最欢迎的食客无疑是非洲象，因为这个大家伙不会细嚼慢咽，它平均每天要吃掉 225 公斤的食物，进食时间长达 16 个小时，根本没有闲工夫也没有耐心将它们嚼碎，因而在大象的胃当中，刺槐能够保持完整良好的体型，当然，最让刺槐称心的还不是这个，大象的胃液还能有效地杀死它们身上的一些虫子，消化的过程简直就是对它们进行全面消毒。可以想象，当它们经过大象的肠和肛门出来后，已经是升级版的刺槐了，它们更健康，更强大，更能适应周边的环境。与其说是大象吃了它们，不如说是庇护了它们，大部分刺槐都喜欢大象的这种保健运动。

　　蚂蚁有时候也会成为这样的角色——无意成为种子们的保护神。蚂蚁社会结构非常简单，等级分明，等级也不多，除了蚁后和它的几个面首，几乎都是干体力活的工蚁。而生活在社会底层的工蚁一

有些昆虫和小动物会将贿赂物一扫而空，因而这样的诡计是要讲一点风险的

生无疑是操劳的，它们几乎每天都忙忙碌碌的，建造扩建巢穴、采集食物、饲喂幼虫、伺候蚁后……为了度过冬眠的漫长时光，蚂蚁们必须在秋天吃掉大量的食物，好使体内存储上足够的脂肪，因为整整一个冬季，它们是不吃任何东西的。因而对于一只工蚁来说，平日里最重要和最繁重的工作就是觅食，几乎在任何地方，沙漠、平原、草地、丛林、高山、河谷以及人类居住的城市，我们都能看到或单打独斗或排着队等候运送食物的蚂蚁。这也是一些植物将蚂蚁选作繁殖信使的原因。百部 (Stemona japonica) 就是这样一个聪

枸杞子也是个以量取胜的家伙

明的家伙。百部为了让蚂蚁注意到它们，它在果实上附上了一层香气逼人的油质体。蚂蚁们果然很快就迷上了，它们成群结队地从四面八方赶过来，驮起这些掉落在地上的分量不轻的美食，然后搬进它们的地下通道，堆放在它们宽敞的储藏室。在它们那间食品储藏室，冬储美食可谓应有尽有：地鳖虫、蝇蛆、蚕蛹、蚯蚓，各种树叶，

有些种子喜欢贿赂大动物，有些则青睐于小动物，甚至包括蚂蚁（左、右页）

各种小果实，加上百部，足够它们吃上整整一个冬季。对于百部来说，与刺槐一样，宁愿选择蚂蚁而不是其他的昆虫作为它的食客，是因为蚂蚁对它们果实的破坏程度不至于伤害到种子内核。蚂蚁们只吃附着在百部种子上面的那些肉质丰厚的部位，其余的就给扔到垃圾桶里了。因此，百部种子们不过是利用了蚂蚁在寒冷的冬季在地底下找到一个安身的温室——并不妨碍它来年的发芽，等天气转暖，它可以从蚂蚁的洞穴里探出它优美娇嫩的芽头。

与百部和刺槐不一样，鬼针草、雀榕、车前草、樱桃、野葡萄、野山参喜欢贿赂各种鸟类。短叶罗汉松就是其中一个典型的代表。罗汉松科（*Podocarpaceae*）是常绿针叶小乔木，灌木状造型，它的种子呈椭球形，因为长在紫色肥厚而多汁的种托上，形状如同一个打坐的罗汉，所以被称为罗汉松。它紫色的种托据说就是给代其传播种子的鸟类食客准备的，为了诱惑鸟儿们把种子吞下去，它不得不采取这种"买一送一"的方式。鸟类当然也不介意这种善意的促销手段。而之所以选择鸟类作为它们传宗接代的帮手，是因为与哺乳动物相比，鸟类的消化系统更短，这就意味着种子不会在鸟类的腹中停留更长的时候，死亡的风险更少。鸟儿们进食频率非常快，比如麻雀，它吃各种谷物、果实和昆虫，但它的食物 5 小时后即可通过消化道排出体外（为了便于飞行不能在腹中存储更多的食物），尤其是果实和种子一类的食物。歌鸲在吞食樱桃之后，20 分钟即可把樱桃核送回地面。对于樱桃种子来说，在歌鸲肚子那座黑房子里呆上 20 分钟并不是什么坏事，因为它借此还能享受一下飞行的乐趣呢。

不过并不是所有的动物都是一些消化能力不强、拉屎拉得特别快的家伙，有些美食家可是愿意细细咀嚼种子的，它们细嚼慢咽，非常享受进食过程，不会给种子们任何存活的机会。但植物们也是一个机会主义者，它们知道总是会有一些粗心的家伙给它们一线生机，何况，如果不这么干最后也是个死，比如壳斗科（Fagaceae）和禾本科（Oryza sativa）植物，它们的种子自身非常脆弱，一离开母株来到地面上很快就会被虫蛀或者腐烂，就这样，它们瞄上了经常在地下活动而且会储存食物的啮齿类动物，如老鼠和松鼠。啮齿类动物和蚂蚁一样，也是深谋远虑的食物收藏家，它们会储存很多食物以备不时之需，让壳斗科植物欣喜的是，啮齿类动物窠穴的深度恰好符合它们种子萌发的要求，并且这些貌不起眼的家伙也比较健忘，有时候会在很多地方储存上很多食物，而一旦忘记自己存放种子的地方或者不幸离世——这些家伙自身也朝不保夕，它们也有自己的天敌，死亡概率很高——种子们出头露面的机会就来了。乌鸦也是个食物收藏癖，它们喜欢把干果（坚果和松子）带离森林，到开阔的地方埋藏起来。不过利用这种被取食动物的健忘症或者意外事故来求生的做法多少有些冒险，而且有一个前提就是，这类植物种子自身的数量要足够承担得起这种牺牲。不过不用担心，比如像禾本科植物中的水稻，它每一个稻穗能长 120—200 粒谷子，足以通过丢三落四的食客获取来年发芽的机会。

为了吸引这些动物宾客，或者说动物食客，植物们也真是绞尽了脑汁，有时候它们会千方百计让自己变得更有吸引力。比如柑橘为了让自己成为美食，它在包裹着种子的果肉中加了 60 多种香气成分，葡萄、苹果也不甘落后，其香味成分达 70 多种。香蕉的特殊香

74

味主要是乙酸戊酯，橘子中的香味为柠檬醛。海芋 (*Alocasia macrorrhiza*) 更加别出心裁，它采用的不是加香料的办法，而是修饰自己的身材，例如，因为它每一粒种子的身形比较小，为了吸引看客，它就选用了鲜红的颜色和聚生方式，成熟的时候聚集在一起的小海芋们就像一只只火炬。这种小浆果很得小鸟们青睐。

我们会把一只常年跋山涉水、围绕在花朵和植物旁边的蜜蜂称作劳模，但肯定不会把一位终年在咖啡馆里呷咖啡、混日子的男子定义为勤奋的楷模，其实两者是一回事。让动物们上瘾，是植物采取的另一种吸引手段。作为一个隐匿的咖啡爱好者，蜜蜂整天忙忙碌碌，其实不过是贪图享受：逾

最喜欢吃大蒜种子的当属人类了

蜜蜂也是个隐匿的咖啡爱好者，逾半的植物花蜜含有蜜糖及咖啡因成分，而部分种子也都含有咖啡因。至于真正的咖啡，喜欢它的动物们可多了

半的植物花蜜含有蜜糖及咖啡因成分，而部分植物的叶、茎及种子也都含有咖啡因。有些植物深谙动物和昆虫们的弱点，如果无法让自己的种子长得更漂亮，也没有香味供其炫耀，往自己的种子里加咖啡因可能是更好的办法，因为这意味着那些上了瘾的动物离不开自己。真正的咖啡也是这样被人类发现的。公元 6 世纪，非洲埃塞俄比亚高原的一位牧羊人加尔第发现，他的羊只要食用了一种灌木之后就会变得无比兴奋，同时他的羊群也非常喜欢吃这种植物的果实。加尔第于是自己尝了一下，发现身体有一种兴奋感。后来修道院的一位修士听说了加尔第的发现，就去红海边采摘了一些回来，加工成咖啡粉当饮料喝。咖啡最初就在修道院盛行开来了。加尔第的羊不能完全消化咖啡，这样就通过羊的粪便将咖啡种子带去了更远的地方。现在，咖啡已经在全球很多国家被种植，因为人类对咖啡的着迷——尽管这种着迷与咖啡当初的设想已相去甚远。南美洲也有嗜咖啡的动物，一种被叫做 Jacu 的鹦鹉非常喜欢食用咖啡豆，Jacu 也不能完全消化咖啡豆，当地人就取它排出的粪便中的咖啡豆制成饮品。而印度尼西亚的麝香猫则是这方面的传奇，它食用过的咖啡现在已经成了咖啡中的极品。麝香猫喜欢挑选咖啡树中最成熟香甜、肥美多浆的咖啡果实作为食物，咖啡果经过它们消化系统的处理后，也就是果实外面的果肉被消化掉后变得异样的香气可口（咖啡果在麝香猫的胃里完成发酵后，破坏其蛋白质，产生了短肽和更多的自由氨基酸，咖啡的苦涩味由此降低），当地人于是纷纷捡拾

有些种子负责为动物们提供食物，另一些种子则为动物们提供 幻觉

麝香猫的粪便，清洗出里面完整的咖啡豆，将它制成咖啡——这就是著名的猫屎咖啡。如今猫屎咖啡每磅可以卖到几百美元，一杯咖啡就要 168 美元（约合人民币 1100 元）。

事实上很多植物都含有类似咖啡的让动物们兴奋和上瘾的成分，比如猫薄荷（*Nepeta cataria*）。猫薄荷会让喵星人神魂颠倒，至少有 50% 的猫会对猫薄荷着迷，它们会把头贴在猫薄荷的叶片和枝干上蹭来蹭去，然后神志不清地在地上打滚，打喷嚏，流口水，发谵语。有些吸食过多猫薄荷的猫会出现幻觉，去扑食想象中的老鼠。这种让喵星人如此疯癫和发狂的猫薄荷是一种薄荷科灌木（也叫做"假荆芥"），让猫行为失常乃至影响其精神状态的原因是猫薄荷含有一种叫做假荆芥内酯的物质，它能与猫鼻子中的受体结合在一起，引起猫体内的神经性反应——有点类似于性激素反应。但猫可以通过食用猫薄荷排出它胃里的毛球寄生虫。至于猫薄荷，把猫变得神经兮兮肯定也有它的理由——为了它种子的生长，它会不惜利用一切手段。槟榔果实也会让人上瘾，虽然味道又苦又涩，但食用后会令人口舌生津，神清气爽。人们常将新鲜采摘的槟榔分成两半，去除果核，加上荖花（贩卖时称为榔叶）包裹的石灰，放进嘴里嚼。东南亚和我国的湖南、广西、云南、贵州、广东、海南等地，嚼槟榔是当地人的一种日常习惯。

部分植物的种子为动物们提供食物，部分植物为动物们提供幻觉，植物们的生存策略可谓花样百出。咖啡、槟榔和猫薄荷为

种子们刚刚萌发的嫩芽

猫和人提供了一种接近于幻觉的亢奋感。对于动物们来说，尤其是人类来说，幻觉在某些时候几乎与食物一样重要，因为幻觉可以帮助人们抵御痛苦、扩展想象、扩大生命。食物滋养身体，而幻觉贿赂精神。食物和幻觉是人类必需品里的双生花与并蒂莲。提供幻觉的植物种子首当其冲是罂粟（*Papaver somniferum L*）和大麻（*Cannabis sativa L.*）。这两种植物一定没有想到，本来只是想小小地用种子引诱一下动物为其传播种子，不想最后却让是人类为此而发狂。■

诱惑与拒绝

生存技能：利用颜色、气味、触觉等对动物进行诱惑与拒绝

生存等级：五星

并不是所有种子都对动物笑脸相迎，因为植物也是个势利的家伙，对于它有所求的动物，它可以百依百顺，但对于用不上的动物可就不客气了，特别是那些本来就不指望动物帮忙，不是自己有专长就是会借用风力、重力和水力的家伙，它们对动物的态度不仅不可谓友好，还狠毒至极。

至于动物，它们对于植物的态度也是两极分化。植物种子对它们而言是诱惑与拒绝同在！

且看种子对动物的诱惑手段：

颜色。不用说，鲜艳的颜色是构成种子颜值最重要的部分，因此许多植物种子会在自己体色上大做文章。种子果实的色泽与果皮中所含色素有关，例如叶绿素、类胡萝卜素、花青素等，色素的含量与种类不同，果实所呈现的色泽也就不一样了。通常较强的光照与充足的氧气有利于花青素的形成，因而果实向阳的一面往往着色较好，也就是说，要想有暖色系的外表，必须多晒日光浴。

要想有暖色系的外表，必须多做日光浴

给动物们提供营养，无疑是种子给予动物们最大的馈赠

此外，乙烯、萘乙酸等物质可促进植物种子的着色，让它们显得
"早熟"；而生长素、赤霉素、细胞分裂素等能使果皮保持绿色，
推迟上色。拥有这样的技能，种子们就可控制自己的魅力。例如，
当周围都是一些它们不喜欢的食客，或者行为粗暴的食客，它们
就会尽量多长些生长素、赤霉素等。

触觉。有些种子觉得自己需要搭乘动物公交去远方时，会及时地给那些动物以暗示，比如，它的果实会逐渐由硬变软，它用这种方式来提醒食客们可放心大胆地食用了。种子果实变软的原因通常是果皮细胞壁中可溶性果胶增加、原果胶减少，这种变化使细胞与细胞之间失去了结合力，致使细胞分散，果肉松软。当然，外面的温度和乙烯、萘乙酸等激素和生长调节剂（如今人类常用这类方法来催熟水果和菜蔬瓜果）也能降低果实的硬度。时间久了后，种子的这一特性也在一定程度上促进了动物的触觉发展，很多动物们由此训练成了良好的触觉力，只要轻叩果实的外表，它们就知道要不要给种子这张搭乘的车票。

气味。气味是种子的香水。不过并不是所有植物都愿意在它们自己的体表喷洒香气，虽然大部分水果都是这方面的高手——它们在果实成形尤其是成熟时期会散发出自己独有的味道，这些气味的主要成分包括脂肪族与芳香族的酯，还有一些醛类。不过气味是一个相对的概念，并不像颜色那样直观和通用，100种动物有100种气味标准。例如，臭味让大部分动物厌恶，可却会令苍蝇之类逐臭的家伙兴奋。

养分。给动物们提供营养，无疑是种子给予动物们最大的馈赠，况且这些营养正是各种动物生长所需，当然，有的也是植物本身所需要的。如果果实不被动物享用，那么它们也可以作为种子萌发的营养。

味道。对于大部分种子来说，说到味道，主要指的是甜味。基本成分为糖的甜味是如此重要，是因为人类和动物的生存都离不开糖。糖对于人类和动物的重要性相当于汽油对于汽车的重要性。例如，对于人类和很多哺乳动物来说，各组织器官都必须以糖作为主要燃料，氧化后产生热量，从而来维持呼吸、消化、循环、泌尿等功能。糖可以说是人类以及动物活动能量的主要来源。这样重要的物质，其甜味又是如此的可口，很多动物和人类都对它们趋之若鹜。植物们的果实于是投其所好，为了引动物们上钩，大多数果实都带上了甜味，有的植物甚至连叶子也甜滋滋的。果实为什么会甜？其实并无多大秘密，我们日常所言的糖，其实是果实中的淀粉在成熟过程中逐渐被水解后，转为可溶性糖。至于那些可溶性糖，也有不同的品种，如葡萄糖、果糖和蔗糖等。不同果实糖的种类及含量都不同。

以下是种子对动物的拒绝手段：

味道（涩味、酸味、苦味）。如果说甜味是引诱，那么涩味、酸味、苦味就是拒绝。种子们在这方面是非常有手段的，选择什么样的味道意味着它们对动物们是热情还是冷淡，抑或厌恶。

如果种子果实中含单宁物质很多，那么，动物们尝到的一定是它们不喜欢的涩味。一些植物的种子会用其细胞液中含有较多单宁物质来提醒动物朋友们：此时不宜食用。没有长熟的种子被传播是一种浪费。一旦它们觉得时机成熟了，也就是说它们的果

很多植物果实成形尤其是成熟时期会散发出自己独有的味道

如果说甜味是引诱，那么涩味、酸味、苦味就是拒绝

实想离开枝头了，就会将单宁被酶氧化成无涩味的过氧化物，或凝集成不溶于水的胶状物，从而使涩味消失或减少，糖类增加。在这个转化过程中，乙烯起了关键性的作用。葡萄在这一点上，考虑得更为周全，它还会用颜色（绿色）来配合酸味用以拒绝食客。

当然，这个由涩转甜的过程需要一些时日，每种果实所需时间都是不一样的。

酸味。与涩味一样，当动物们品尝到这样一种滋味的时候就应该识趣一点，那意味着果实们在拒绝你：走吧，改日再来。很多植物未成熟的果实中含有苹果酸、柠檬酸和酒石酸等多种有机酸，这种酸味让动物们受不了。随着果实的成熟，一部分有机酸转变成糖，还有的被氧化，有的被钾离子和钙离子等中和，此时，酸味下降，果实才变得爽口。

苦味。苦味的拒绝是最直接的。它不像涩味和酸味，只是一种临时的和委婉的否定。如果果实让我们尝到的味道是苦味，那就意味着它们对我们的嫌弃，也从另一方面说明，这类果实种子不需要我们帮忙。果实里面的苦味是生物碱所决定的，比如黄连就具有黄连碱。

下毒。这种狠毒的招数在植物世界并不多见，不过一旦采用此招，中招的便会回天乏力，一命呜呼。比如海果（*Cerbera manghas*），一种夹竹桃科植物，海果属的一种，常绿小乔木，产于广东、广西、海南和台湾，以海南分布为多。它们全身上下都满含乳状汁液，特别是果皮含果碱、苦味素、生物碱、氰酸，毒性强烈，误食能致死。据说其中一种被称作"海果毒素"的剧毒物质，其分子结构与异羟洋地黄毒甙非常相似，一旦食用会阻断钙离子在动物心肌中的传输通道，3—6小时内便会毒性发作，致其死亡。它

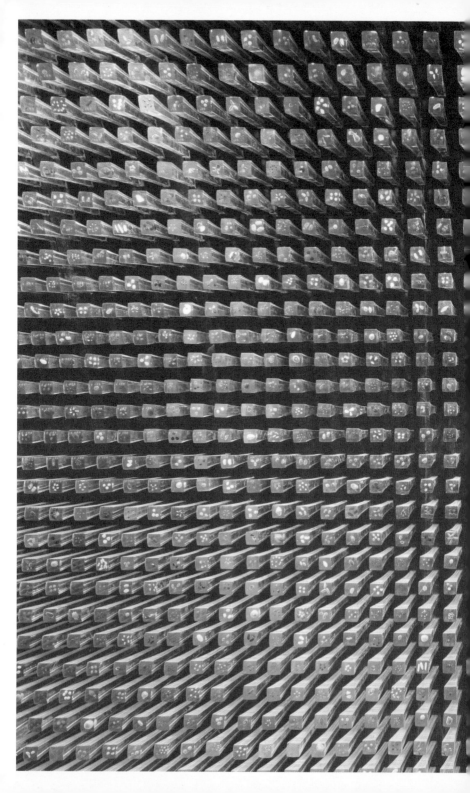

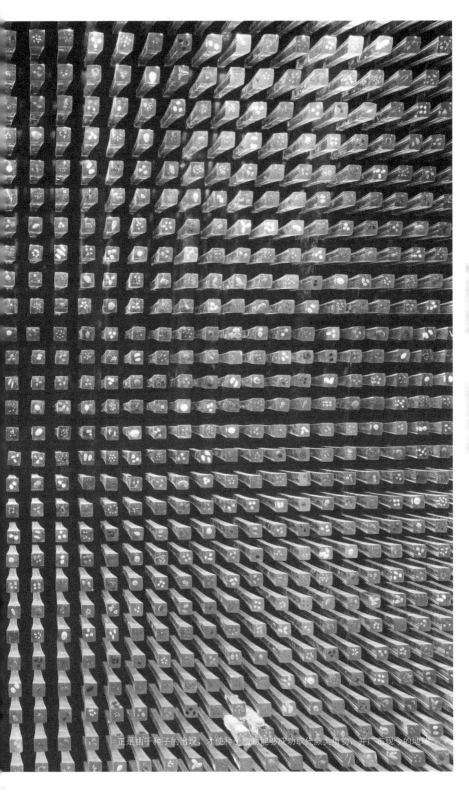

正是由于种子的出现，才使种子植物能够成功取代蕨类植物，并广布现今的地球。

植物种子的毒性并不针对所有的动物

们之所以在种子里下毒，当然是为了拒绝动物的嘴巴。不过毒性
也是相对而言的，有些植物种子的毒性并不针对所有的动物，例
如人类喜欢的辣椒（*Capsicum annuum*），其辣味也是一种毒，且
特别为哺乳动物而量身定制——显然初衷并不是成为人类的调味

品，没想到人类不惧其"毒"，甚至迷上了这种辣味。但是你知道，这种对大多数哺乳动物避之不讳的"毒品"，鸟儿们却非常喜欢它们，酒足饭饱之后帮它们传播种子。

刺和毒刺。有些种子在体外给自己种刺是为了方便搭乘动物快车，尽管此举有些耍赖，但非常管用；但对有的带刺的种子来说，长刺是为了恐吓和威慑，也就是说，它不想被动物吃掉。蓖麻 (*Ricinus communis*)，果实生有硬毛和刺，簇生，种子外形似豆，表面有花斑。蓖麻对动物的防御手段不可谓不严密，因为除了种子上的刺，它的果实有毒，其成熟后含有毒的蓖麻碱，食用后轻度中毒者表现衰弱无力，重者导致恶心、腹痛、吐泻、体温升高、呼吸加快、四肢抽搐、痉挛、昏迷死亡。曼陀罗 (*Datura stramonium*) 也是个冷酷的家伙。曼陀罗，茄科植物，原产热带及亚热带，我国各省均有分布。与蓖麻一样，它们的果皮有刺，种子有毒，其毒素主要成分为山莨菪碱、阿托品及东莨菪碱等，中毒表现为口腔和咽喉发干、吞咽困难、声音嘶哑、脉快、瞳孔散大、谵语幻觉、抽搐等，严重者昏迷甚至呼吸衰竭而死亡。■

种子都爱睡觉

生存技能：睡眠

生存等级：五星

对于地球来说，几乎没有称得上永恒的生命。如果算上岩石、空气、光线，我们要说，真正永恒的是它们，在构成地球舞台这个大布景的岩石、空气、光线跟前，我们——植物和动物，特别是动物们，只是在迅速地前仆后继：三叶虫、海蝎、板足鲎、恐龙、雕齿兽、地懒、渡渡鸟……地球上有限的资源决定了这个大舞台不能同时让所有角色出演，你方唱罢我登场是我们出场的秩序和常态。相对于地球这个老寿星来说，我们人类真的只是惊鸿一瞥，就像科学家所形容的：假设46亿年的时间只是一天的话，这一天的前四分之一的时间，地球上只是一片死寂；当时针指向凌晨6时，最低级的藻类开始在海洋中出现，它们持续的时间最长；一直到了20时，软体动物才开始在海洋与湖沼中活动；23时30分，恐龙出现，但只"露脸"了仅仅10分钟便匆匆离去；在这一天的最后20分钟里，哺乳动物出现，并迅速分化；23时50分，灵长类的祖先登场，在最后的两分钟里，它们的大脑扩

懂得休眠和沉默是种子们最大的智慧

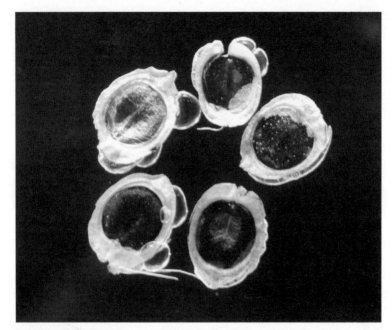

有些种子一觉会睡上上千年

大了三倍，成为人类。

　　也就是说，尽管我们自诩为统治者，植物和大部分动物都要远远早于我们成为地球的居民，先于我们，它们已经生活了千百万亿年，尤其是植物。这些年来，植物和它的种子们也学会了比我们想得到的更多和更巧妙的生存智慧与生存技能。在这个各种条件不尽如意的星球上，它们早就学会了利用、借用，学会了欺骗、狡诈，也学会了沉默和沉着。世界上最长寿的植物，一种生长在非洲的叫做"龙血树"的常绿乔木，能够活上 2000 年，其中最长寿的一棵甚至活了 8000 年；世界上最高的树，澳大利亚的杏仁桉高达 100 米，最高的一棵高达 156 米，相当于 45 层楼；世界上体型最大的植物，生活在海洋里的波西多尼亚水生植物（*Posidonia Oceanica*），光它的茎秆就延伸达 8000 多米……这些我们几乎闻所未闻的植物的故事让我们诧异，它们早于我们征服了各种生存极限。借用各种外力和贿赂手段，借用风、水、雨和动物，不过它们在各种绝境中苟生的几种基本也是它们不是那么属于的方式，真正让它们成为地球的主人的原因，是它们的谦卑、隐忍、简约、缓慢，或者说它们懂休眠和真正的沉默。

　　用沉默和沉睡来对付逆境并不是一种消极的方式，对有些动物来说也许是，对植物而言却是一种智慧而必需的手段。有些植物的种子一成熟就会处在休眠期，因为等待肯定是必需的。就是动物，比如人类，他们也会在母体里呆上十个月再出来。另外一些种子则在观察到外部环境不利于萌芽时就开始睡觉，例如高湿、低氧、高二氧化碳、低水势或缺乏光照，这样的环境无疑是致命的，与其与它们抗争，不如逃避——对于植物来说，反正有的是时候用来等待。避免在生命活动旺盛、易受逆境伤害的状态中度过地球上寒冷、干旱、火热的严酷时期，而不是像大多数动物那样迎难而上，这是植物在地球上存活这么久的真正原因。这种生

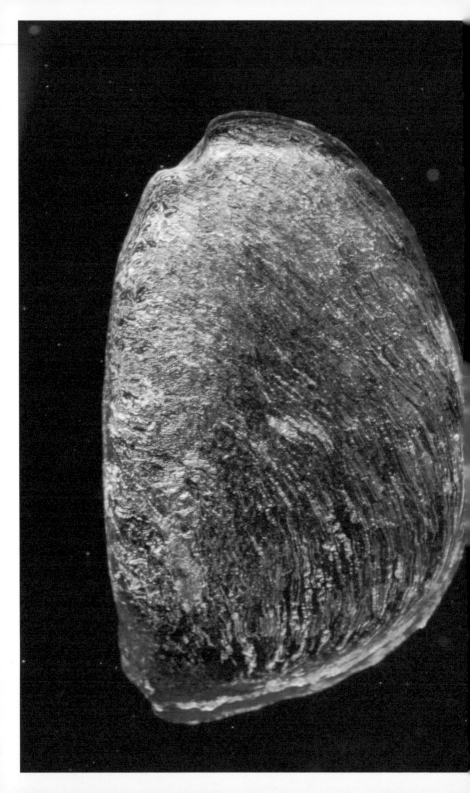

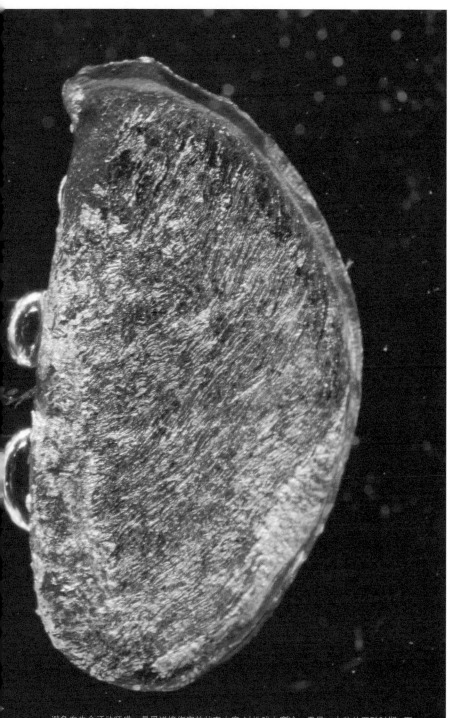

避免在生命活动旺盛、易受逆境伤害的状态中度 过地球上寒冷、干旱、火热的严酷时期，而不是像大多数动物那 样迎难而上，这是植物在地球上存活这么久的真正原因

存策略我们有时候在一些小动物身上也可以观察到，但植物却更加普遍，同时，植物（除了种子）没法像动物那样随便移动和迁徙，一发芽便一锤定音，因而，等候合适的时机和寻找一块理想的土壤至关重要。沉睡，其实是一种谨慎的品质。

只有小部分种子不睡觉，这在气候条件较好的南方比较多见。不睡觉是有不睡觉的理由的。比如，原产于美洲热带雨林的可可就是一个不爱睡觉的家伙，它们的每一个果实里面都有数十粒种子，这些种子呈不规则的椭圆形或卵形，白色或淡紫色，也就是颇受人们欢迎的可可豆。它们的果实成熟后落在潮湿的地上，能散开并非常迅速地生根发芽，一点都无须等待，因为如果过了 35 个小时还没有生根发芽，那它们就会失去萌芽能力。这就是现状！雨林那么大，又那么热闹，几乎每天都有好戏上演，当然，从某种意义上说，生存竞争也非常激烈，每种植物都在抢地盘，可能打个盹的工夫就会错失良机。所以说，是否沉睡以及沉睡多久实际上取决于外部环境。当然，撇开生存竞争，如果气候条件比较温和，种子也会急于从土壤里钻出来。不过也有的种子天性比较懒惰，就是外部条件和环境非常完美和成熟，它们也不愿意醒来。美人蕉种子即使在土壤里睡上 10 年也不会主动醒来，它的种皮非常厚，也非常硬，又不透气渗水，在这样的睡袋里安睡无异于与世隔绝。只有它的种皮破了，美人蕉才会抬起它慵懒的腰肢。与美人蕉比起来，番茄、茄子、黄瓜等的种子算是一些有度的家伙，

种子们是否沉睡以及沉睡多久实 际上取决于外部环境

它们只是要睡上十来天，自从被人类栽培后，这段时间可能更短，现在它们的作息基本上为人所控制。人参、红松的种子会更久一些，它们觉得一两年的长觉是必需的，尤其是人参，生活在气候寒冷的北方，一个略长的懒觉可以让它们更好地休养生息。油葵种子

对于种子来说，等候合适的时机和寻找一块理想的土壤至关重要，所以要睡觉

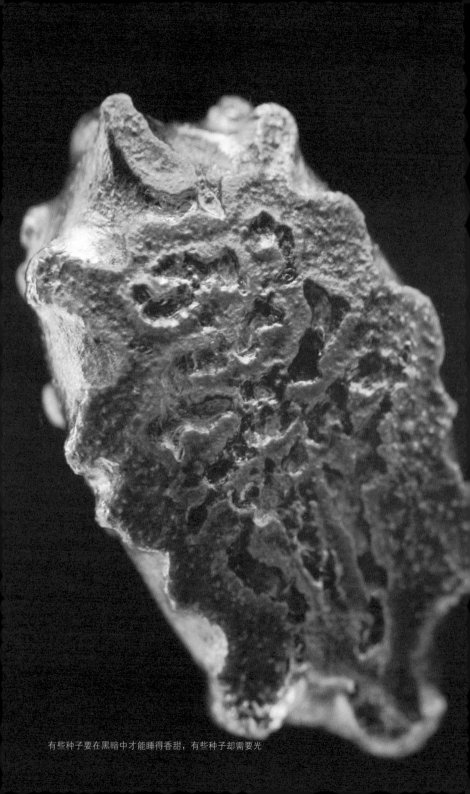

有些种子要在黑暗中才能睡得香甜，有些种子却需要光

通常生活在南方，南方的植物多生命力旺盛，好动，早熟，所以它的睡眠时间只有 20—50 天——它不想错过任何盛宴和派对。

说到最贪睡的家伙，非莲子莫属，或者说莲子才是真正的时间穿越者。上文我们已经提到了，在我国辽宁地底下的莲子们睡了一个长达 1000 年的长觉，醒来后还能长成荷花。科学家们分析，这些贪睡的家伙之所以长命千岁，一是它们的体内有小气室，每颗贮存着 0.2 毫克的氧气和二氧化碳，这对维持莲子的生命有决定性的意义；二是它们含水量极小，只有 12%，其在入睡时，相当于其他植物的"冰冻"或者"脱水"状态；三是保存古莲子的泥炭层里温度低，干燥，有很厚的泥土覆盖保护。

实际上，最贪睡的种子还不是莲子。有的种子甚至会睡上上万年。俄国科学家前些年在西伯利亚柯里马河河岸的深处发现 3 万多年前冰河时期松鼠冬眠的洞穴，里面有柳叶蝇子草 (*Silene salicifolia*) 的种子。研究人员最初试图使这些种子发芽，但未成功。后来他们用果实内富含糖的细胞作为"胎盘"，在实验室中终于培养出了它们。

种子们睡觉的理由与环境不尽相同。对于烟草、莴苣和一些牧草种子来说，它们在黑暗中才会睡得香甜，因为黑暗可以保护它们；而一些葱蒜类的种子，则需要在强光下才能睡得舒服。与大体型的种子相比，体型小的种子更多地采取睡眠时间来渡过困境，因为小体型的种子自身携带的装备不多，更依赖于环境，或者说对环境更加挑剔；而大体型的种子自身有更多的营养物质，足以让它们渡过比如像干旱等危机。此外，大体型的种子面临被取食的危险也更多，有时候各种营养充足了，迅速发芽可能也是一个求生的机会。所以我们经常会看到在一场大雨之后，地面上会冒出无数的小植物来，但不会因为一场大雨忽然长出一棵大树的枝芽来。不过选择是在大体型的身躯里生活还是在小体型里萌发，并由不得植物们选择，况且，各种体型各有优劣。通常小体型的种子习惯被打包"包装"：个头小、营养少、颗粒多，它们这是以量取胜，抱团取暖，若 99% 牺牲了，还有 1%；大体型

大部分种子睡觉是因为要面对难捱的干旱等生存危机

对于动物而言，睡眠是修补，几乎每天都要进行；对种子来说，睡眠只是等待而已

的种子则因为自身强壮，需要单枪匹马闯世界，需要独立世界，需要领域和疆土。大体型种子的植物在其萌发和幼苗生长阶段具有较大优势，在其童年期身体更强壮，有更大的抗压性；而体型较小种子的植物在逃避被动物采食和形成持久的土壤种子库，成

为植被更新的后备动力方面具有较大优势，也就是说，小体型的种子们的预备队伍人员更加庞大，承担得起各种牺牲。当然，种子体型的大小有一定的规律，原则上，灌木比草本植物的种子大，乔木和藤本比灌木的种子大。种子们体型的大小取决于它们的父母。与人类一样，种子们也有遗传特性，它们的大小会随着父母植株高度的增加而增大，但至 10 米以后就随着植株高度的增加而下降。实际上，我们前面也提到过，种子们体型的大小会影响它们的旅行方式，或者生存方式，以脊椎动物或蚂蚁为传播媒介的种子要比御风而行、乘坐动物坐骑方式来旅行的种子要大。

其实人类和很多动物也需要睡眠，只是人类和其他哺乳动物将睡眠零售给每一天，而植物却选择在种子期间睡眠，一次性地批发给它的婴儿期。在冬季，也有一部分植物会收起叶子，在假死状态中睡上几个月或大半年时间。有些动物会光着身子对抗冬季，但对植物来说这样做很冒险，因为植物没法移动。睡眠对于动物和植物的意义是不一样的，例如对于动物而言，睡眠是修补，几乎每天都要进行；对种子来说，睡眠只是等待而已。人类正是利用植物种子的这种善于等待和有耐心等待的特性保存了大部分物种，也为此开辟了一个新的领域，那就是下文用以保存濒临灭亡的植物的种子银行。■

地球要是没有了植物，紧随着就是动物的消亡，接下来便是人类——实际上人类消亡的速度比动物还快，因为人类对于植物的依赖程度更高，首当其冲的就是呼吸，此外其他的衣食住行都需要靠消费植物来进行——事实上，在这个被准确计算的地球，任何一环的缺失，都会导致整个星球的灭亡。

如今，全球范围内已有 1400 余家种子银行

PART TWO SEED BANKS
下篇 将种子存入银行

　　世界上第一枚种子是由孢子植物贡献的。三四亿年前，当地球上的藻类环境发生变化时，地球表面开始出现了陆地。裸蕨是最早登陆的陆生植物居民，之后，蕨类植物不断进化，并在体内逐渐形成了特殊的器官，于是部分蕨类变成孢子。孢子植物最初是同体不分雌雄的，后来慢慢出现了有性别的两种孢子，当雌孢子和雄孢子恋爱时，种子就出现了……

　　人类的农耕文明始于距今 13000 年前，从那时起，种子对于人类的重要性就开始变得异乎寻常了……考古学家曾在伊拉克的耶莫遗址中发现了大约公元前 6750 年的种子遗存，也就是说，从那时起，人类就知道保存种子是来年收成的重要保障；从那时起，人们就知道应该怎么保存部分种子，以及种子关乎我们未来的重要性。■

我们为什么要有种子银行?

地球一度被植物占领,如今却是动物的天下,当人类出现之后,植物的种类数量开始变得稀少。尽管如此,植物学家们统计,目前世界上仍然分布着近 50 万种植物。

植物种类数量虽然庞大,生存状况却不容乐观,根据国际自然保护联盟的物种保护监测中心统计,如今全球 10% 的植物已面临灭绝,5 万—6 万种(约占全世界植物种数的五分之一)受到不同程度的威胁;中国近 3 万种高等植物中,至少有 3000 种受到威胁或濒临灭绝,野生植物物种中约有 6000 种植物处于濒危或濒临绝灭的状况,100 多种植物面临极危或濒危;此外,相当大一部分的种质资源在野外已经不复存在了……也就是说,让我们如此依赖的植物,如今与日俱减的速度却如此可观! 我们曾经不仅从植物种子身上获取了食物和生命,也从它们身上借鉴了各种生存策略,可现在它们却在我们眼皮底下无声地呻吟和呼救……

植物的急剧减少给我们带来的后果最初虽然不是那么严重,比如我们的食物可能因此而短缺,但对地球生物多样性的改变却是非常直接的:一种植物的消失,往往会导致另外 10—30 种生

目前中国野生植物物种中约有 6000 种植物处于濒危或濒临绝灭的状况

一种植物的消失，往往会导致另外 10--30 种生物的生存危机

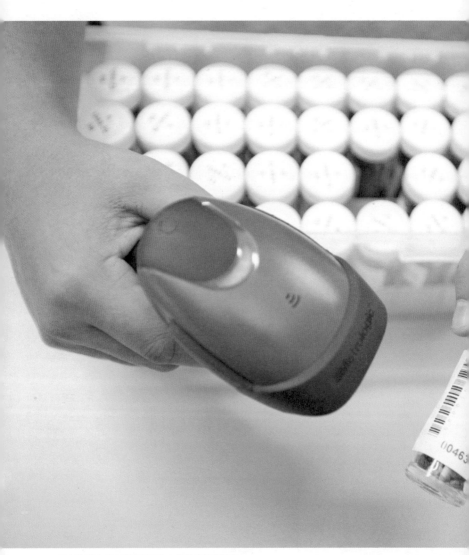

种子银行在存入种子时要给它们备份很多档案

物的生存危机。想象一下，地球要是没有了植物，紧随着就是动物的消亡，接下来便是人类——实际上人类消亡的速度比动物还快，因为人类对于植物的依赖程度更高，首当其冲的就是呼吸，此外其他的衣食住行都需要靠消费植物来进行——事实上，在这个被准确计算的地球，任何一环的缺失，都会导致整个星球的灭亡。

当人类这个败家子即将花完最后一分积蓄时，最好的办法当然是将所有的余钱存入银行，以便有一天浪子回头时还有咸鱼翻身的机会。种子银行就是在这个意义上建立起来的。这也是科学家们给因为追求发展而命悬一线的地球开出的最后一个药方。

20 世纪 20 年代，自幼生活在粮食短缺状况下的苏联植物学家尼可莱·瓦维洛夫 (Nikolay

Vavilov) 开始在全球范围内搜集各种不同的农作物种子,希望通过自己的努力,解决国家乃至全世界的粮食问题。他踏遍了世界五大洲的土地,搜集了许多农作物的野生近缘品种以及一些不知名的可食用植物的种子,最终建立起了世界第一家"种子银行"。

如今,全球范围内已有1400余家种子银行(也叫基因银行)。

目前全球的种子银行共保存了 650 万份种子样本（左、右页）

在这些种子银行中，大约共保存了 650 万份种子样本，其中大约有
150 万类濒危种子。这些种子中包含了约 20 万种小麦、3 万种玉米、
47000 种高粱和 15000 种豆类。很多国家都开始意识到"种子基
因库"的重要性。《纽约时报》说："通过种子库的方式保护植
物多样性是一项十分紧急的工作，因为如今在许多农田里，农民为

120

了提高产量,仅种植一两种作物。"也就是说,尽管植物物种丰富,但由于人类功用主义的利用方式,实际上只有几种植物人丁兴旺,植物种子对人类也就变得越来越依赖,这并不是一个好现象。但目前为了解决全球饥饿问题,我们无法让植物种子以它们亘古以来就有的方式繁殖和生存,于是种子库,一种作为植物多样性迁地保护的方法之一传播开来了。由于其在资金投入、保存时间和保存效率方面远远高于就地保护和其他的迁地保护方法,其作为一个有效和经济的重要保存手段,越来越多地得到科学家、政府相关部门和非政府组织的认可。

种子是一切。种子既是开始,也是结束。它悸动的那一刻就是地球生命更新的那一刻,它消失的那一刻也将是我们灭亡的那一刻。■

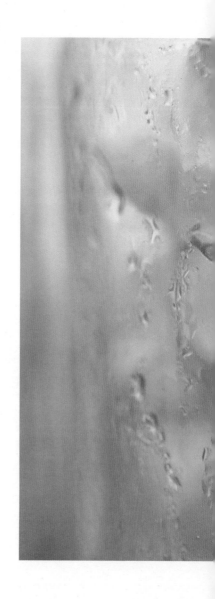

有些种子对人类非常依赖，这并不是一个好现象

中国第一家种子银行

联合国粮农组织 (FAO) 曾经公布过一份全球种子银行名录，如今，包括中国、俄罗斯、日本、印度、韩国、德国和加拿大在内的许多国家都建立了自己的种子银行。此外，一些国际组织如农业研究磋商组织 (CGIAR) 也设立了种子银行。只可惜这些种子银行的规模大小不一，运营情况也良莠不齐。目前最为人称道的世界三大种子银行是英国千年种子库、挪威斯瓦尔巴德全球种子库和中国西南野生生物种质资源库——很荣幸地，我国第一家也是唯一一家种子银行跻身于"三大"之列。

作为世界第二、亚洲第一大种子银行，中国西南野生生物种质资源库如今已收集和保存了各类种质资源 20955 种 169281 份（株），其中野生植物种子 8855 种，占我国野生植物物种的 30%（数据截止于 2015 年 3 月）。西南野生生物种质资源库分为种子库、植物离体库、DNA 库、微生物库、动物种质资源库、植物基因组学和种子生物学实验研究平台六个研究机构。与英国千年种子库和挪威斯瓦尔巴德全球种子库两家种子银行不同的是，中国西南野生生物种质资源库这家"银行"的存储对象不仅包括植物种子，

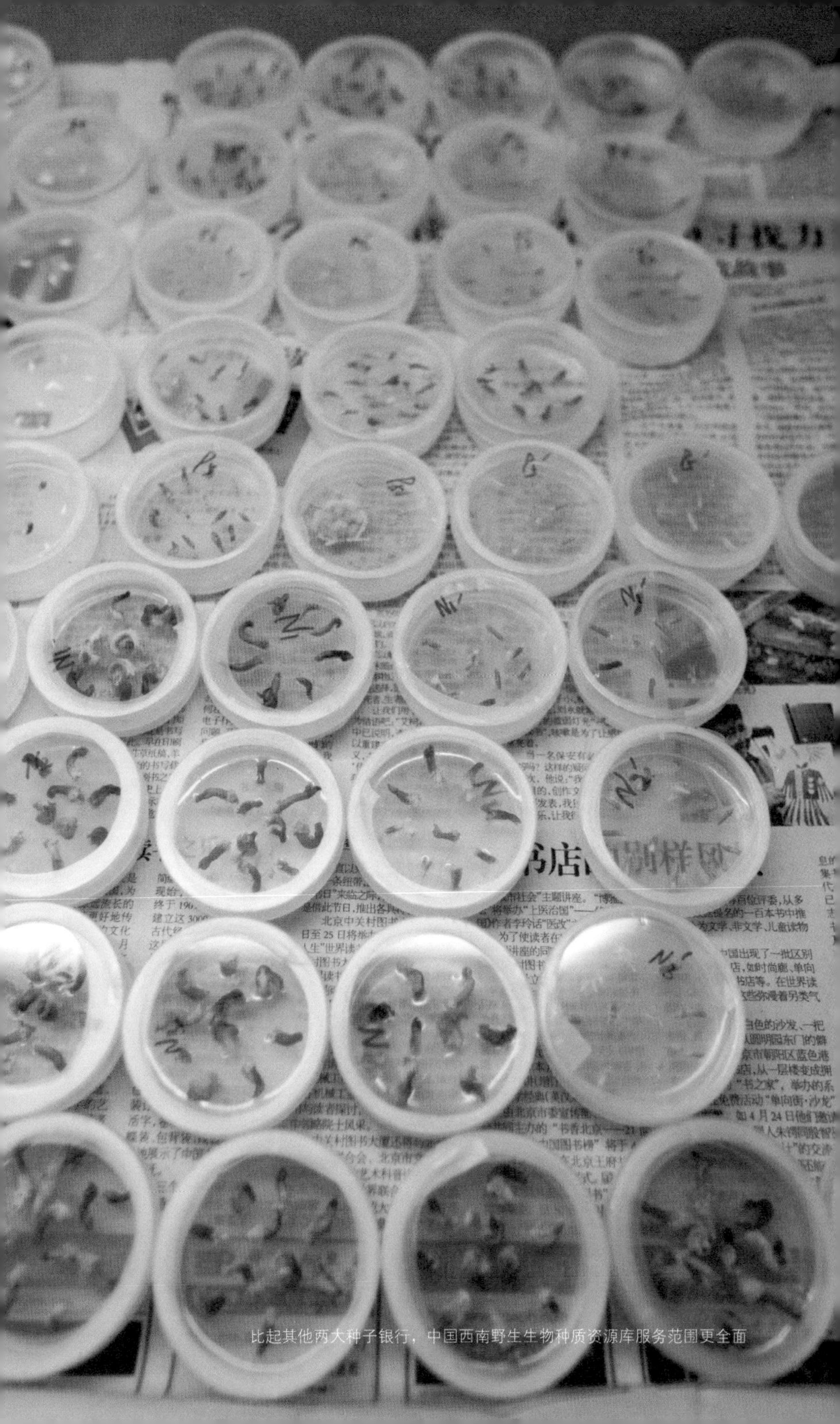
比起其他两大种子银行，中国西南野生生物种质资源库服务范围更全面

中国种子银行每年都会去自全国各个地方及至世界各个国家收集保存几百种植物种子，图为红树林

还包括各种植物离体材料、DNA 样品以及动物细胞、微生物菌株等各类种质资源。它收集的概念外延更大，是一艘真正意义上的方舟，不仅有植物，还包括动物，不仅包括种子、精子，还有细胞、胚胎，以及其他的活体。自 2005 年 10 月"开业"以来，这家"银行"每年都会去自全国各个地方及至世界各个国家收集保存几百种植物种子。

种子银行位于昆明北郊黑龙潭的云南植物研究所内，建筑面积约 7000 平方米，由著名植物学家吴征镒院士 1999 年致信国务院总理朱镕基建议立项，2005 年开工建设，2007 年建成并投入试运行，投资高达 1.48 亿。因为沉睡着十几万个生命，这幢貌不出众的大楼平日里显得异常安静，但喧嚣却蕴育在种子内部。杨湘云博士是昆明植物研究所种质库的科学家，从种质库建立之初她就和她的同事开始参与种子的收集、整理、评价、保存和共享等工作。2012 年，杨湘云他们入库了 700 种 7000 份植物种子。为了赶上物种灭绝的可怕速度，杨湘云和同事以及各地的志愿者们每年都在加紧采集各类植物种子，据说如今收集的速度已超过英国的种子库——英国从 1973 年开始种子保存计划以来收集了 5 万多份，而中国西南种质资源库仅仅 7 年就赶上了这个采集成果。

种子银行与其说是在收集，不如说是在抢救，所以这个"三优先"也是必需的：濒危物种优先、特有物种优先、有重大经济价值的优先。遵循这一标准，科学家们这些年已经将我国一、二

中国种子银行研究对象还包括各种植物离体材料、DNA 样品以及动物细胞、微生物菌株等各类种质资源存储对象不仅包括植物种子

因为有了种子银行，很多植物从灭绝名单上除名了

级珍稀濒危植物如喜马拉雅红豆杉、巧家五针松、弥勒苣苔、云南白药主要成分之一的金铁锁，以及许多地区特有物种如中国特有的珙桐、云南金钱槭、云南双盾木、伯乐树、滇桐等从植物灭绝名单上除名了。

种子们如今就睡在这个地方。种子银行里供种子们睡觉的面积实际并不大，只有600平方米，但墙壁却厚达40厘米，因为室内温度必须保持在零下20℃，湿度必须控制在15%。在我们看来是极其严酷的环境，对种子们来说当然是舒适而宜人的，大部分种子睡觉的时候并不需要很高的温度。正常情况下，种子一遇上适宜的温度和湿度就会发芽，所以常温下大部分种子最多能保存（也就是沉睡）一至两年。

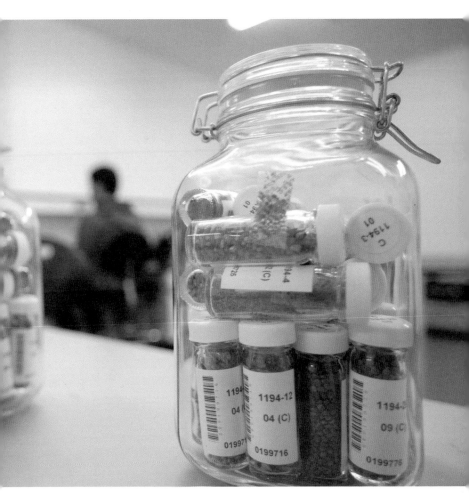

种子必须干燥后才能保存（左、右页）

以玉米种子为例，在昆明的气候条件下，室外保存 632 天萌发率就会从 97.5% 下降至 50%，即一半的种子不会发芽。如今已经约有 70% 的种子可以通过这种低温方式来保存，但还有 20% 左右的种子比较难伺候，比如芒果、椰子这样的热带植物的种子在低温、低湿条件下会失去活力，它们会变得越来越虚弱，乃至最后再也不能苏醒。而那些存放在种质资源库里的 70% 却在上百年甚至上千年后却仍可能开花结果，比如玉米，其发芽的理论数字是 900 年后仍有 50% 的种子可以萌发，也就是说，玉米在这样的卧室里可以睡上 900 年不死。不过如今，研究人员也已经为后面这类任性和有个性的种子，比如说热带植物的种子量身定制了一种使用液氮的超低温保存技术，即将种子里的胚、茎尖等组织取出来，通过渗透处理后，再放到液氮里。在这种特制溶液里洗个澡后，它们就可以睡得更久，睡眠的成本也会变得很低。在这里，在这样的睡眠中，对于科学家们来说，对于地球来说，对于我们来说，也是对于未来来说，种子们的安静和沉默是庄严、神圣和感人的。

不过几乎每一次存储活动，种子银行的科学家都会为此忙上好一阵子，因为种子从野外采集回来后需经过干燥、清理、登记、存封等程序，最后才能来此入库。并不是所有的种子都采用同一种干燥和保存标准，通常科学家们会将种子分成三个类型：一种是含水量在 20%—25% 的种子，如豆类、谷类、玉米等喜干燥

因为种子银行环境舒适，很多种子保存数百年后仍可以萌发

的种子可采用这种方法，不出意外的话一般都可让种子睡上几百到上千年；第二种是含水量在75%—80%、肉质多的顽拗型种子，也就是超级有个性的种子，如柑橘、土豆等，对它们不能采用普通的干燥法来保存，而应超低温地保存它们的细胞组织；最后一种是含水量在这两者之间的种子，如咖啡、开心果、印度楝等各类坚果，它们具有低温保存容易受伤的特点，保存方法又另当别论。在储存过程中，每隔一段时间，科学家们就会选择一些种子进行X光抽样检查，以确保未受虫害或种子内部出现空洞。每过10年，科研人员就会对种子进行发芽测试，以确保它们仍具有生命力。■

每过 10 年，科研人员就会对种子进行发芽测试

有种子就有希望

为什么原先地球上到处生长的野生植物会大批灭绝呢？在今天，显然是一个不需要答案的问题了。科学家们早就总结出了四个原因：一是全球变暖，部分植物适应不了新环境而遭到了淘汰；二是物种本身繁殖机制出现了问题；三是人类活动过于频繁，使得野生植物的生存环境遭到破碎化，如原来植物可以成片生长的地方，由于一些人造设施的建成被分割成一小块一小块，野生植物被隔离开后，没法传粉，基因交流被切断，繁殖数量也大大减少；四是环境污染导致一些水生植物的灭绝，典型的例子就是野生莼菜和中华水韭。

一方面，人类对大自然的入侵造成了野生植物的消失，开山垦地、围田造城、人工建筑的雨后春笋、土壤和水源的双重污染等等原因导致了生态的大面积破坏和物种的消失；另一方面，人类对某些植物的驯化也导致了一些不可挽回的生态灾难。回顾人类历史，的确有过一些植物的引种加速了人类文明的进程的例子，如橡胶的开发利用极大推动了工业发展，水稻、小麦、马铃薯的栽培解决了人类的温饱问题等。但功利地对一些植物的驯化和栽

保存种子是人类的无奈之举

功利地对一些植物的驯化和栽培，会导致另外一些物种的无辜消失

在过去，植物有很多种类，每一个种类都有各自的独特特性来适应不同的温度、干旱度、湿度和各种昆虫与病毒

培，却会导致另外一些物种的无辜消失。最近的例子就是橡胶林大面积的栽种毁坏了雨林的生物多样性，凡是有橡胶的地方，林下几乎寸草不生，我国云南、广西等省的某些地方这些年已深受其害。另外，农作物的高度统一化栽种也会使部分农作物的野生种类减少。人工栽培的作物更容易受到疾病、虫害、旱涝灾害与其他灾害的威胁，这使作物们在整体上适应自然环境的能力变弱了。野生植物千百年来不断地与自然抗争，其基因往往具有很强的抗病抗旱抗寒性，而人工栽培的植物基因却都具有某种缺陷。据联合国粮农组织统计，由于人工选择和自然生态的变化等原因，

在种子银行里萌发的莴苣

全世界四分之三的作物种类已经不再被用于农业生产了。就小麦而言，原先世界上有约 20 万个不同的种类，每一个种类都有各自的独特特性来适应不同的温度、干旱度、湿度和各种昆虫与病毒，但在人类有意识的选种行为之后，很多野生小麦现在已经消失了。杨湘云博士对此有一个精妙的比喻：这就像是一个人原先有很多衣服，适合一年四季换着穿，可现在只剩下适合一季穿的衣服了。有气象学家预言，到 21 世纪中叶，很多国家，特别是一些非洲国家的大部分区域会经历一种完全不同的气候，那个时候现在的农作物很有可能不能够被继续耕种。到那时野生作物的意义就凸显出来了，也就是说那时候我们今天建设的种子银行就可以发挥作用了。届时我们可根据不同的气候特点、不同的生态环境来选择相应的作物种子，只有这样才能保证未来人类的食物供应。作物如此，其他植物也同理。在今天保存尚未消失的物种种子，是为了当地球环境改变时，我们可以有更多的选择。

如果说种子是智慧的，利用种子的智慧、珍视种子的智慧、学会和懂得保存种子的智慧的我们更智慧！■

多少年来，植物种子不仅成为人类的食物，也成为人体的装饰品

附录

英国千年种子库

　　英国是最早在种子上动脑筋的国家。1997 年，英国千年委员会投资 3000 万英镑、总花费 8000 万英镑建成了世界上第一家种子银行——英国千年种子库。根据科学们的设想，英国千年种子库除了储藏英国所有 1400 多种野生植物种子外，另一主要目的是保护世界野生植物中的 10% 免于灭绝。千年种子库当时计划，到 2010 年要实现储藏 2.4 万种各种野生植物的种子，这个数字占世界野生植物群的 10%；到 2020 年，将保存世界上 25% 的植物种子的种类。目前它已实现了保存全部英国植物物种和全球 10% 的植物物种的目标。在 2010 年的上海世博会上，这个"先天下之忧而忧"的国家向世界各地的参观者展示了她初步的收纳成果：造型拉风的英国馆"种子圣殿"里，上万颗来自英国皇家植物园千年种子库的种子静静地躺在长 7.5 米的 60858 根"触须"——亚克力光纤里。■

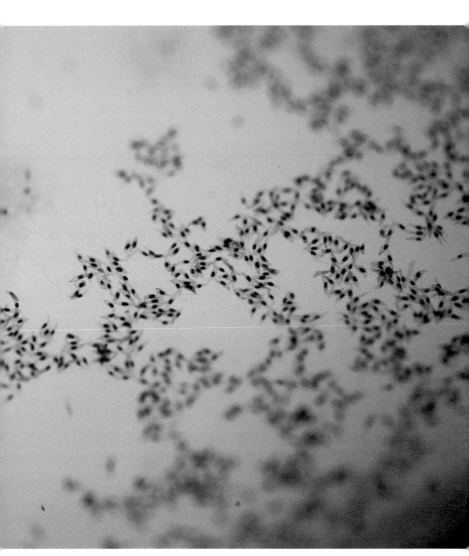

英国千年种子库是世界上第一家种子银行

挪威斯瓦尔巴德全球种子库

2006 年，菲律宾的国家种子银行被一次强台风摧毁了。伊拉克和阿富汗的种子银行也先后在战争中被摧毁。去年，位于埃及北西奈省的埃及沙漠基因银行的所有仪器设备在骚乱中被暴徒们洗劫一空，冷却系统被破坏，近几十年来的研究数据毁于一旦。为了当地房地产业的发展，欧洲最重要的果类作物中心——俄罗斯帕夫洛夫斯克试验站即将被推土机夷为平地。除此以外，还有许多种子银行因为经费问题无法继续运营。

于是，挪威斯瓦尔巴德全球种子库应运而生。在距离北极点约 1300 公里的永冻冰山深处，埋藏着这座占地约 1000 平方米的神秘建筑物。包括约 100 米长的坚固隧道和 3 个带有气密锁的地下储藏室在内的建筑主体都埋藏在地下约 120 米处，只有由厚实的钢筋混凝土和钢化玻璃筑成的入口矗立在风雪中，甚少开启的大门背后还有监视器在时刻监控着周围的一切。这个看似充满悬疑感的场景并不是科幻电影中的情节，而是真实地发生在于 2008 年 2 月 26 日正式投入使用的斯瓦尔巴德全球种子库中。挪威政府建造这座全球种子库的目的，就是通过对全球 1400 余个种子银行以及相关机构所储存的种子提供备份服务，来保存农用植物的基因多样性，从而解决未来可能会发生的粮食短缺问题。正如卡里·福勒在斯瓦尔巴德全球种子库的开幕仪式上所说，"种子库的开幕标志着保卫世界农作物多样性的历史性转折"。

　　建在挪威斯匹次卑尔根岛上的斯瓦尔巴德全球种子库具有独一无二的天然优势和坚实可靠的安全保障。斯瓦尔巴德全球种子库所在的斯匹次卑尔根岛位于北极圈内，较低的年平均温度再加上永冻层的地质环境使得种子的储存有了温度保障。早在20世纪80年代，当地就建立了北欧基因资源中心(NBG)，并将收集到的种子保存在地下300米处的一座废弃煤矿内。这座废弃煤矿位于永冻层中，不需任何冷却设备就能够常年维持零下3—4℃的低温。

　　与这座废弃的煤矿一样，斯瓦尔巴德全球种子库也建在永冻层内，常年低于零下4℃的自然低温再加上工程师精心设计的智能冷却系统，一个10千瓦的压缩机就能使种子库维持零下18℃的低温。在这样的温度下，许多重要粮食作物的种子都能够存活千年以上，如小麦的种子能够存活1700年，大麦的种子能够存活2000年，而生命力最强的高粱种子甚至能存活约2万年之久。

　　不仅如此，斯瓦尔巴德全球种子库还具有极高的安全系数。种子库所在的斯匹次卑尔根岛四周都被海洋包围，具有天然的安全屏障。不过种子库所在的位置要比海平面高出130米左右，即使全球变暖的状况持续恶化，不断上涨的海平面也需要在200年

挪威斯瓦尔巴德全球种子库主要是为解决未来可能会发生的粮食短缺问题而建的

后才能将它淹没。种子库的内部构造非常坚固，因为设计者是以"无年限限制"的标准来建造这座独一无二的种子库。连接种子库入口与储藏室之间的通道的前半部分由直径 5 米的巨型钢管构成，因为这部分的地质环境比较松软脆弱，而深入山体近 130 米的储藏室则处于坚实的永冻冰山山体内部，常年不化的冻土层能为储藏室提供非常稳定的地质环境。

种子库内的安保措施也非常严格，任何人想要进入种子库的核心区都需要经过四道紧锁的大门：厚重的钢制入口大门、走过 115 米的狭长隧道后会看到第二道门以及两道带有气密锁的门。并非每个员工手中的钥匙都能打开所有的大门，因为他们的钥匙都被设定有不同的安全级别。种子库的内部安装有多台监视器，每一箱种子在进入种子库时都需要经过扫描检查。

种子库内部包含了 3 间容积为 1500 立方米的储藏室，每间储藏室都能够装下 150 万份种子样本。由世界各地寄来的种子一般都会被装在不同的包装器皿中，到了斯瓦尔巴德全球种子库，这些种子样本都会被装进统一规格的铝箔袋中，这些经过特殊设计的铝箔袋共有四层，具有严格的密封性。与此同时，这里的工作人员还会为每一份种子样本建立电子存单，并将数据输入进计算机的存储系统内。这些数据会被提交至公开的数据库中，任何想了解种子库储存情况的人都能够登录相应的网站检索自己所需要的信息。

在 2008 年 2 月 26 日开幕庆典的时候，种子库就已经收到了

斯瓦尔巴德全球种子库每间储藏室都能够装下 150 万份种子样本

来自 100 多个国家的 1 亿颗种子，其中既有非洲和亚洲地区的各种各样的玉米、水稻、小麦、豇豆和高粱种子，也有欧洲和南美洲不同种类的茄子、莴苣、大麦和马铃薯种子，几乎涵盖了世界上所有常见的食用农作物种类。截止到今年 2 月 1 日，库中已经储存有 716523 种农作物种子样本。去年 1 月，位于澳大利亚维多利亚市霍舍姆镇的澳大利亚温带地区农作物采集中心 (ATFCC) 将一批种子样本运往斯瓦尔巴德全球种子库，就在数天后，洪水淹没了霍舍姆镇。在这批种子中，还包含了一种来自中国的具有独一无二遗传特性的豆类种子 。■

种子银行是如何保存种子的?

采集：目前中国西南野生生物种质资源库与全国 83 个相关单位进行合作，组建了一个以野生植物最为丰富的云南及周边地区为核心、辐射全国的种子采集网络。为采集到高质量、多种类的野生植物种子，种子采集员往往要跋山涉水，深入密林，或爬上海拔 4000 多米的流石滩，有时甚至还会遭遇动物的袭击，采集环境恶劣而危险。此外，种子采集员食宿艰苦，经常夜宿荒野，野外生活极其艰辛。可以说，种质资源库中保存的每一粒种子都蕴含着种子采集员的艰辛和汗水。

签收登记：采集完的野生植物种子与相关材料会在第一时间被送到种质资源库入库。面对全国各地到来的数量巨大、种类多样的材料，种质资源库的种子管理员们将会对此进行仔细认真、分门别类的整理和归类，并进行核查和登记。

初次干燥：为防止种子萌发、减少病源微生物的危害和易于清理，登记完的种子将会放到温度 15℃和相对湿度 15% 的干燥间进行干燥。

清理：由于采集的不全是种子，有时还会是肉质的浆果，甚至是整个果序，为了有效去除空瘪和虫蛀种子，合理地减小贮藏容积，提高种子纯度，减少种子携带、传播病菌的机会，种子管理员们会根据种子的类型和大小，选用不同的清理方法对它们进行清理。

X 光检测 / 剪切检测：X 光检测是利用 X 光机对种子样品进行光照像，根据照片中空瘪种子、虫蛀种子和饱满种子的比例来评估清理效果、控制种子质量的一种方法。在 X 光检测法不适用的情况下（如种子太小或结构太复杂等），可使用剪切检测法进行检测，即在解剖镜下，用镊子和解剖刀对种子进行解剖，进而统计种子饱满率，评估清理效果和种子质量。

计数：为了解每一份种子的数量，制定合理的使用策略，有效地促进我国野生植物种质资源的研究和利用，种质资源库所有的种子在入库前都必须经过计数。种质资源库使用的计数方法是重量估算法，即使用天平对数取一定数量的种子样品进行称重，进而估算种子数量。

主要干燥：计数好的种子必须经过一次主要干燥，才能最终放入零下 20℃的冷库内进行密封保藏，否则种子会因含水过多导致体内形成冰晶而冻死。

分装 / 入库：干燥后的种子必须装在耐低温、密封性好的特制玻璃瓶（罐）中，然后放入冷库中进行保藏。温度是影响种子保藏效果的重要因素之一，根据 "Harrington 法则"，贮藏温度每

因为有了种子银行，若干年后，这样的场景还会再现

瓶子里的希望

降低 5℃，种子寿命将延长一倍，为保证库内种子具有较长的贮藏寿命，种质资源库的温度一般控制在零下 20℃。

初次萌发实验：为了解种子的初始活力和耐冻性，并为将来灭绝物种的生态恢复提供萌发参考，种质资源库的每一份种子都必须进行萌发实验，即将一定数量的样品种子接种在相应萌发基质上（琼脂、河沙等），之后将其置于一定温度和光照条件下的培养间 / 箱中进行培养，最后统计其萌发率。

再次萌发实验：为检测种子在贮藏过程中的活力变化情况，每 5—10 年须重复实施一次萌发实验。

繁殖 / 更新：对数量较少且濒危的野生植物种子,或经过一段时间的贮藏，萌发率已下降到 75% 以下的野生植物种子，种质资源库将会在温室内对其进行繁育，并进行库内贮藏种子的增补或更新。经过这样的处理之后，种子的保藏效果会得到极大的增强。■

图书在版编目（CIP）数据

种子的智慧／赵彦著；杨剑坤摄 . —— 上海：上海锦绣文章出版社 ,2016.7
（绿色生态物种系列）
ISBN 978-7-5452-1795-7

Ⅰ.①种… Ⅱ.①赵… ②杨… Ⅲ.①种子－普及读物 Ⅳ.① Q944.59-49

中国版本图书馆 CIP 数据核字（2016）第 157596 号

出 品 人　周　皓
责任编辑　（按姓氏笔画为序）
　　　　　　邓　卫　安志萍　周　皓　胡　捷　姚琴琴　郭燕红
整体设计　颜　英
技术编辑　史　湧

书　　名　种子的智慧
著　　者　赵　彦
摄　　影　杨剑坤

出　　版　上海世纪出版集团　上海锦绣文章出版社
发　　行　上海世纪出版股份有限公司发行中心
网　　址　www.shp.cn
锦绣书园　shjxwz.taobao.com
地　　址　上海市长乐路 672 弄 33 号（邮编 200040）
印　　刷　上海丽佳制版印刷有限公司
开　　本　889×1194　1/32
印　　张　5
字　　数　100 千字
版　　次　2016 年 8 月第 1 版
印　　次　2016 年 8 月第 1 次印刷
I S B N　978-7-5452-1795-7/J.1107
定　　价　29.80 元

如发现印装质量问题，影响阅读，请与承印单位联系调换，电话 :021-64855582